CORAGEM INABALÁVEL

CARO(A) LEITOR(A),

Queremos saber sua opinião sobre nossos livros.
Após a leitura, curta-nos no facebook.com/editoragentebr,
siga-nos no Twitter @EditoraGente,
no Instagram @editoragente
e visite-nos no site www.editoragente.com.br.
Cadastre-se e contribua com sugestões, críticas ou elogios.

Boa leitura!

MARCELO BIANCHINI

CORAGEM INABALÁVEL

Desenvolva o seu poder interior e alcance a
liberdade e maestria absolutas sobre seu destino

Diretora
Rosely Boschini

Gerente Editorial Pleno
Franciane Batagin Ribeiro

Assistente Editorial
Alanne Maria

Coordenação Editorial
Amanda Oliveira

Produção Gráfica
Fábio Esteves

Preparação
Fernanda Guerriero Antunes

Capa
Thiago Bastos

Projeto Gráfico e Diagramação
Vivian Oliveira

Revisão
Giovanna Caleiro

Impressão
Edições Loyola

Copyright © 2022 by Marcelo Bianchini
Todos os direitos desta edição
são reservados à Editora Gente.
Rua Natingui, 379 – Vila Madalena,
São Paulo, SP – CEP 05443-000
Telefone: (11) 3670-2500
Site: www.editoragente.com.br
E-mail: gente@editoragente.com.br

Dados Internacionais de Catalogação na Publicação (CIP)
Angélica Ilacqua CRB-8/7057

Bianchini, Marcelo
Coragem inabalável : desenvolva o seu poder interior e alcance
a liberdade e maestria absolutas sobre seu destino / Marcelo
Bianchini. – São Paulo : Gente Autoridade, 2022.
192 p.

ISBN 978-65-88523-54-4

1. Desenvolvimento pessoal 2. Negócios 3. Sucesso I. Título

22-4215 CDD 158.1

Índice para catálogo sistemático
1. Desenvolvimento pessoal

NOTA DA PUBLISHER

Ter foco, planejar rotinas, estabelecer metas, comprometer-se com sonhos e superar adversidades é viver com coragem. Não é fácil, de fato, mas histórias repletas de desafios fazem parte da vida, e é bonito acompanhar a trajetória de quem tem como propósito incentivar o outro a confiar em si mesmo.

Coragem inabalável, obra de estreia de Marcelo Bianchini, empresário, hipnoterapeuta e mentor de empresários, é um guia-incentivo para quem precisa de orientação para impulsionar as competências e as habilidades de excelência que cada pessoa tem. Aqui, caro leitor, ele compartilha como você pode se desenvolver e conquistar grandes metas e objetivos por meio da disciplina, do foco e da coragem, abandonando comportamentos destrutivos e vícios indesejados.

Com uma linguagem simples e direta, Marcelo divide com o público-leitor, com muita generosidade, um pouco da sua história de vida. Mais do que isso, ele compartilha dicas para ajudar pessoas a alcançar resultados, tendo uma vida plena e bem-sucedida.

Boa leitura!

Rosely Boschini
CEO e publisher da Editora Gente

*Dedico este livro à mulher da minha vida,
minha esposa Lu Cavalcante,
que foi responsável por eu ser essa pessoa que me tornei.*

*Tenho absoluta certeza que eu não seria quem sou nem
estaria onde estou sem ter alguém como você ao meu lado,
me dando suporte, me acalmando, olhando nos meus olhos e
falando "vai, eu estou com você".*

*Não existe sentimento maior de gratidão do que
o meu a você por ter acreditado em mim quando eu ainda
não tinha nada na vida, por ter sido o meu alicerce,
me dando forças para nunca desistir e, hoje,
poder exercer a minha missão pelo mundo.*

AGRADECIMENTOS

gradeço primeiramente a Deus por ter me permitido uma transcendência de vida, me tirando das trevas e me trazendo pra luz, por me usar como instrumento de transformação na vida das pessoas.

Em segundo lugar à minha avó, Armelinda Tegani Bianchini, *in memoriam*, que mesmo sem estudo foi a mulher mais sábia que já conheci. Me ensinou o que é amor, afeto e carinho.

Agradeço também a todas as pessoas que um dia disseram que eu era um excluído da sociedade, que ninguém iria abrir as portas para mim e que jamais arrumaria emprego, por todos os "nãos" que recebi. Especialmente a todas as pessoas que tiveram preconceito por eu ser um ex-presidiário, pois foram elas que me impulsionaram a nunca desistir e a dar o meu melhor todos os dias, mostrando pra mim mesmo que eu era capaz. Sou muito grato a vocês, obrigado!

Também sou muito grato a todos os escritores que deixaram no mundo seus ensinamentos através dos livros, onde aprendi muito. A todos os meus mentores e treinadores dos quais participei de mentorias, treinamentos, cursos e imersões.

Este livro é uma forma de mostrar parte do que aprendi com vocês, apliquei em minha vida e hoje replico na vida das pessoas.

Não poderia deixar de agradecer especialmente à Theresa Klein, que me ajudou muito na construção desta obra, e à minha amiga Josiane Kinder.

PREFÁCIO

Eu acredito que a coragem é a virtude que precede a todas as outras virtudes. Somada à humildade de aprender o tempo inteiro, a coragem está à frente de tudo aquilo que produz resultado, riqueza, sucesso e conquistas.

Este é um livro sobre coragem, mas não apenas do ponto de vista teórico. É mais do que isso, é do ponto de vista prático. É a coragem de realmente se conhecer, de conhecer os pontos cegos e vulneráveis da sua vida, é a coragem para tomar uma decisão a partir disso.

A coragem não é algo inato, não se nasce com ela. Ela pode e deve ser treinada e desenvolvida. Pessoas, ambientes, lugares diferentes e, acima de tudo, experiências desafiadoras a desenvolvem. Ela não é apenas construída, mas também sustentada por meio dos desafios que aparecem na vida de todos nós. Da mesma forma que todo herói que não usa capa não nasce pronto, a coragem também não vem pronta, mas ela é natural, instintiva e da essência humana. No entanto, esta virtude aparece somente quando é solicitada. Quando não é solicitada, fica em segundo plano, aguardando.

Este livro do Marcelo Bianchini é sobre uma história real de coragem, vivida, revisitada e reconhecida. Essa história eu conheço, pois acompanho o Marcelo há muitos anos como aluno, parceiro e colega de profissão, já que ele é treinador do desenvolvimento humano. É uma história verídica, alicerçada no que há de mais profundo e específico sobre desenvolvimento humano, descoberta de pontos fracos e construção de resultados com base na coragem e nos pontos fortes do talento, como ele mesmo menciona neste livro.

A partir de agora, você está prestes a se conhecer e se desenvolver mais, e a colher frutos de uma nova jornada, uma proposta única e diferente. Aproveite este livro para revisitar os pontos mais profundos da sua mente, de suas crenças e de suas convicções, esteja aberto para uma reviravolta na sua vida!

Uma boa viagem e um grande abraço,
Joel Jota

SUMÁRIO

INTRODUÇÃO 16
Liberdade com maestria absoluta: você pode, você consegue

CAPÍTULO 1 26
Saia da mediocridade

CAPÍTULO 2 40
Não repita comportamentos destrutivos

CAPÍTULO 3 52
Saia da bolha: conquiste a vida que merece

CAPÍTULO 4 68
Na direção certa

CAPÍTULO 5 82
Construa sua autoconfiança

CAPÍTULO 6
Ative os seus desejos internos
96

CAPÍTULO 7
Comprometa-se com o agora
106

CAPÍTULO 8
Defina o seu propósito
116

CAPÍTULO 9
A construção de estratégias
138

CAPÍTULO 10
A sua palavra tem poder
160

CAPÍTULO 11
Honre a sua trajetória
174

CAPÍTULO 12
Celebre cada conquista
184

INTRODUÇÃO

Liberdade com maestria absoluta: você pode, você consegue

Caro leitor, este livro é um convite. Trata-se de um chamado para uma metodologia diferente de todas as que você já viu, resultado de experiências pessoais, conhecimento empírico e muito estudo. Tenho diversas formações voltadas à compreensão da mente, como Programação Neurolinguística (PNL), Inteligência Emocional, coaching e hipnoterapia, mas, antes disso, precisei trilhar por conta própria os caminhos da vida para me tornar um vencedor. É isso que vou compartilhar com você aqui. Sei que o que será apresentado fará toda a diferença em sua vida – já fez na de centenas de mentorados meus –, e eu o guiarei ao longo desse processo. Vamos juntos percorrer essa jornada de autoconhecimento. O caminho será de bastante aprendizado, sem atalhos e repleto de desafios – mas, acredite, muito recompensador.

A proposta de *Coragem inabalável* é que, ao acessar o seu poder interior, o leitor tome as rédeas do próprio destino. E poder, no contexto destas páginas, não tem qualquer ligação com misticismo ou fantasia, como observamos em filmes de super-heróis. Aqui, refere-se a habilidades e competências às quais todos podem ter acesso, como sentir esperança e amor; ter disciplina, coragem e atitude. É preciso desenvolver uma mentalidade de crescimento para realizar os seus sonhos e se tornar a pessoa que sempre quis ser.

E eu o ajudarei a acreditar que, sim, é possível vencer! Sinto-me confortável em lhe dizer isso porque foi exatamente o que aconteceu comigo. Vou compartilhar com você um pouco de minha história.

Muitos que me veem hoje sendo um empresário de sucesso, palestrante internacional, escritor e mentor de empresários podem até não acreditar, mas a minha vida tinha tudo para dar errado. Aos 7 anos, eu já passara por um grande trauma: tive que tirar de cima de mim o corpo de meu pai morto. Eu era apenas uma criança quando ele matou a minha mãe na minha frente, me pegou no colo e deu um tiro na própria cabeça.

Muito tempo após essa tragédia, chegamos ao dia em que fui preso, aos 18 anos, por assalto à mão armada. Dez anos depois, cumprida a sentença, conquistei a minha liberdade em 21 de abril de 2014. Foi quando ouvi afirmações como: "Um ex-presidiário nunca será um empresário de sucesso"; "Ex-presidiários são excluídos da sociedade, você jamais arrumará emprego ou terá uma oportunidade"; "Quem abrirá as portas para alguém que cumpriu pena de dez anos por assalto à mão armada?", e "É melhor você voltar para o crime e continuar roubando para seus filhos não passarem fome".

Esse tipo de comentário me machucava bastante, mas também me dava forças e alimentava o meu desejo ardente de mudar – que, aliás, é o terceiro passo do método que apresento neste livro. No fundo, apesar de magoado, eu acabava agradecendo a essas pessoas. E repetia a mim mesmo: "Não preciso que ninguém me dê oportunidades, pois tenho a habilidade de gerá-las. Não quer me dar um emprego? Tudo bem, sou capaz de oferecer emprego a quem precisa. E não preciso que alguém que me abra portas, pois sou capaz de abri-las".

Acredito que o leitor já tenha escutado frases desmotivadoras daqueles que não acreditam em você, fazendo-o duvidar de seu potencial. É por isso que afirmo: não dê ouvidos à opinião alheia. Em vez disso, apenas acredite! E não em mim, mas em você! Permita-se confiar e acreditar que é capaz, mesmo não sabendo como, pois isso é algo que se descobre durante a caminhada.

Foi por não ter dado ouvidos a essas falas desmotivadoras, por ter tomado a decisão de querer mudar, que não fiz parte das estatísticas de reingresso ao sistema penal. De acordo com uma pesquisa realizada pelo Conselho Nacional de Justiça (CNJ), publicada em 2020, 42,5% das pessoas com processos registrados nos tribunais de todo o Brasil em 2015 voltaram ao sistema penal até 2019.[1]

Assim, passei de ex-presidiário a empresário de sucesso, próspero tanto na vida pessoal – com uma linda família – quanto na profissional – construindo uma empresa de caminhões frigoríficos em menos de cinco anos, até vendê-la por alguns milhões de reais; e, depois, participando de outros negócios e treinando pessoas. Uma única decisão acertada bastou para que minha trajetória se transformasse. E o mesmo pode acontecer a você.

Dê um basta ao vitimismo, caso o sinta, e não procure por culpados para a sua vida de hoje. Olhe para minha história. Se eu (com tantas intempéries) consegui, você também pode!

Antes de tudo, vamos combinar três coisas, ok? Será preciso:

1. acreditar em si mesmo;
2. confiar no processo;
3. ter atitude e agir.

O método que apresento neste livro não é milagroso. Tudo será feito com base em sua mentalidade, suas decisões e atitudes, seus hábitos e sua rotina, de acordo com seus valores e após definir um propósito. Ensinarei maneiras de fortalecer a sua mente, de se

---

[1] BRASIL. CONSELHO NACIONAL DE JUSTIÇA. *Reentradas e reinterações infracionais*: um olhar sobre os sistemas socioeducativo e prisional brasileiros. Brasília: CNJ, 2019. 64 p.: il. color. Disponível em: bibliotecadigital.cnj.jus.br/xmlui/handle/123456789/120. Acesso em: 5 jun. 2022.

disciplinar. Também mostrarei como organizar seu tempo para que seja mais produtivo, fornecendo-lhe as coordenadas para que se transforme em uma pessoa de resultados. Você verá que podemos treinar nosso cérebro para isso e de maneira simples e consistente, pois a mente é igual a um paraquedas: ela funciona quando se abre.

Oferecerei ferramentas palpáveis, acessíveis a todos. Não será necessário investir em equipamentos ou tecnologia de última geração. Seu foco, sua atenção e sua disciplina para absorver e aplicar o que ensino serão o único investimento.

Como você fará isso? Seguindo os sete passos que estão aqui:

Passo I
TENHA CLAREZA

Você tem de identificar quais problemas está enfrentando para ser capaz de tomar atitudes e sair do lugar. Neste passo, você será convidado a desprender-se de orgulhos e medos para enxergar **com clareza** o que precisa e pode ser feito a fim de concretizar metas e objetivos.

Passo 2
ACREDITE EM SI MESMO

Neste passo, você compreenderá que é capaz de desenvolver habilidades e competências novas e expandir conhecimentos. Pode não parecer, mas as personalidades bem-sucedidas que tanto admira também passaram por processos de aprendizagem. A proposta é, por meio de exercícios e autoanálise, fazer com que você reconheça que todos temos talento e somos capazes.

Passo 3
ATIVE OS SEUS DESEJOS INTERNOS

Destravar a força necessária para retirar-se de situações e contextos desagradáveis está dentro de você. Aqui, você verá que aprisionamentos internos podem ser a força motora para grandes saltos de transformação.

Passo 4
TER ATITUDE É FUNDAMENTAL

Toda jornada começa após darmos o primeiro passo. Não importa se a motivação é uma viagem de volta ao mundo ou o desejo incontrolável de autoconhecimento, tudo necessita de um primeiro passo – e, para isso, é preciso atitude. Aqui, você irá se deparar com questões para avaliar e compreender se é uma pessoa de atitude. Como lidar com situações de adversidades: enfrentando-as com coragem ou se esquivando de desafios? A resposta a essa pergunta determina resultados e a construção da coragem inabalável para concretizar objetivos.

Passo 5
DEFINA O SEU PROPÓSITO

Definir seu propósito de vida está ligado à capacidade e ao desejo de servir. Questionar-se através de qual ocupação profissional deseja servir e ter uma retribuição financeira é a base deste passo. Isso porque ter um objetivo torna a sua existência importante para a sociedade, para o mundo e, principalmente, para si mesmo. Neste passo, você será convidado a refletir sobre o que o move, as atitudes que toma e o poder de servir de modo altivo, com gana e desejo.

Passo 6
CONSTRUÇÃO DE ESTRATÉGIAS

É preciso definir estratégias para atingir metas. Não as ter é como viajar em um carro sem GPS: você pode até chegar ao destino, mas o caminho será tortuoso, longo e repleto de desvios.

Passo 7:
A SUA PALAVRA TEM PODER

Você se esforça para cumprir algo com que se comprometeu a fazer? Pode ser um compromisso com clientes, fornecedores, colaboradores, chefe, filho, amigo. Acredito que sim. No entanto, é um pouco mais difícil consigo mesmo? Neste passo, meu propósito é ajudá-lo a compreender que você é seu maior compromisso.

Após aplicar essa metodologia de vida, você estará pronto para conhecer uma nova versão de si mesmo. Afirmo que será impossível sair desta leitura sendo a mesma pessoa, desde que aplique em sua vida todo este conteúdo. Prepare-se para buscar a coragem que sei que você tem dentro de si. Acesse-a e dê o segundo passo (o primeiro foi a compra deste livro), o que significa eliminar hábitos e comportamentos nocivos, tomar decisões de alto impacto, livrar-se de pessoas tóxicas, deixar de frequentar certos ambientes e descartar qualquer outro fator que indique retrocesso.

Há uma história bastante interessante que gosto de contar para ilustrar a importância de livrar-se de tudo que não está lhe fazendo bem:

Um cliente chegou a um posto de combustível, deixou seu carro na bomba para abastecer e foi até a loja de conveniência. Logo na entrada, viu um cachorro deitado chorando um pouco, e então perguntou ao frentista o porquê de o animalzinho estar daquele jeito. O funcionário explicou: "Ele está chorando porque está deitado em cima de um prego". Indignado, o cliente quis saber: "Mas por que ele não sai de cima do prego?". A resposta foi simples: "Provavelmente não está doendo muito. Ele não deve estar tão incomodado com o prego".

E eu questiono você, leitor, agora: quantos pregos você tem suportado? Quantas dores vem carregando, que incomodam, mas que, mesmo assim, você não faz nada para cessar? Talvez um relacionamento abusivo, repleto de agressões e traições. Ou aquele chefe chato, que não respeita a equipe, que o humilha na frente dos seus colegas, mas que você segue aturando porque depende do salário que recebe. Pode ser um corpo no qual não se sinta à vontade cada vez que se olha no espelho, com o qual não se identifica, mas que não busca meios de mudar. Não sei qual é o seu prego, porém desejo imensamente lhe causar algum incômodo, algo que o obrigue a rever a sua vida e tomar a decisão de mudar a sua história.

Sucesso é uma escolha. Não é algo em que se tropeça por aí, ou uma bonificação que se recebe em casa, sentado no sofá. Não acontece de forma repentina, "Ops, tive sucesso. Que sorte a minha!". O sucesso até pode passar em frente à sua porta, mas, acredite: ele não vai bater. Por isso, esteja preparado para, quando ele passar por perto, você poder agarrá-lo.

Sucesso é amor-próprio, é você olhar para as coisas boas da vida e dizer: "Isso também é para mim, eu posso usufruir disso". Não só pode, como deve. E nada de alimentar ideias negativas de que não é merecedor, de que nem sempre querer é poder. Sua mentalidade precisa mudar. Não se chega ao sucesso com pessimismo. Você não enxergará a árvore repleta de frutos doces se estiver sempre caminhando cabisbaixo. Caminhe olhando para cima, para baixo, para os lados e, principalmente, para a frente, sem deixar de prestar atenção

ao seu redor. As oportunidades existem para os que estão atentos e preparados.

Além disso, sucesso é questão de paciência, demanda tempo; por isso, quanto antes começar a buscá-lo, melhor.[2] Como bem dizia Steve Jobs, empresário, inventor, cofundador e presidente da Apple: "Se você olhar de perto, a maioria dos sucessos que aconteceram da noite para o dia levaram muito tempo".[3] Ou seja, sucesso é construção, não fruto do acaso.

Um último pedido: antes de virar as próximas páginas e iniciar a leitura, anote em um caderno ou agenda onde mora, como está a sua vida financeira, quais as suas angústias, seus sonhos e o que deseja mudar. Guarde essas informações para depois, após ler este livro e aplicar os novos conhecimentos que vou apresentar adiante, voltar a elas e constatar que conquistou tudo que sonhou. Daqui a algum tempo, será delicioso ler o que escreveu hoje e pensar: *Eu venci!* Mesmo que não nos encontremos pessoalmente, saiba que vibro por cada vitória e quero fazer o mesmo pela sua.

Assim, mergulhe comigo nessa jornada de desenvolvimento e crescimento pessoal e profissional, passando de espectador a protagonista da sua história. Deixe-me pegar em sua mão e direcioná-lo pelo caminho que eu já percorri. Vamos juntos?

---

[2] COOK, J. 3 perguntas para saber se é hora de partir para outro projeto. *Forbes*, 25 dez. 2020. Disponível em: https://forbes.com.br/principal/2020/12/3-perguntas-para-saber-se-e-hora-de-partir-para-outro-projeto/. Acesso em: 18 jul. 2022.

[3] 8 FRASES para você se inspirar. *Época Negócios* [s.l. s.d.]. Disponível em: https://epocanegocios.globo.com/amp-stories/8-frases-para-voce-se-inspirar/index.html. Acesso em: 18 jul. 2022.

NÃO IMPORTA SE A MOTIVAÇÃO É UMA VIAGEM DE VOLTA AO MUNDO OU O DESEJO INCONTROLÁVEL DE AUTOCONHECIMENTO, TUDO NECESSITA DE UM PRIMEIRO PASSO — E, PARA ISSO, É PRECISO ATITUDE.

CAPÍTULO 1
Saia da mediocridade

Desde o momento em que sai da barriga da mãe, o ser humano é como esponja, absorvendo tudo o que está ao seu redor. Cores, gestos, paisagens, rostos, cheiros e vozes começam a compor, portanto, nosso mosaico de percepções. E quais são as maiores influências em nossa infância? A família, principalmente os pais. São eles os responsáveis por nos apresentar a este mundo ao qual chegamos, cenário que começará a construir nosso modo de pensar e entender os outros e a nós mesmos.

Em minha formação como hipnoterapeuta pelo Instituto Omni, o primeiro de Hipnoterapia do mundo a obter certificação ISO 9001, aprendi o conceito de Fator Crítico da Mente Consciente, trazido por Gerald Kein,[4] grande nome da hipnoterapia mundial. De acordo com esse autor, desde tenra idade, iniciamos o processo de moldar o nosso cérebro e, com isso, construir nosso modelo mental. Segundo ele, o período mais crucial é até os 7 anos, pois ainda não temos o chamado Fator Crítico da Mente Consciente, um mecanismo que funciona como uma espécie de filtro.

Assim, até os 7 anos, por não termos esse filtro, tudo o que vemos, sentimos e ouvimos começa a fazer parte de nossa programação

---

[4] SALES, G. O modelo da mente de Gerald Kein. *LinkedIn*, 17 set. 2018. Disponível em: https://www.linkedin.com/pulse/o-modelo-da-mente-de-gerald-kein-gustavo-sales/?originalSubdomain=pt. Acesso em: 18 jul. 2022.

mental, tendo em vista que nossa mente funciona como se fosse um software de computador: armazena todas as experiências e nos programa. Acabamos, portanto, absorvendo tudo, sem distinção entre o que é mau e o que é bom.

Usando o exemplo do software, podemos afirmar que, até os 7 anos, nossa mente é alimentada. Depois, dos 7 aos 14 anos, essas informações são processadas e dão origem à nossa programação mental – ou, pelo menos, ao seu estopim –, com base na qual passamos a formar a nossa opinião sobre o mundo, as pessoas e nós mesmos.

Agora, pense comigo: qual nível de maturidade nós temos dos 7 aos 14 anos? Nenhum! Isso significa que passamos a vida inteira presos a uma opinião que aprendemos na juventude de acordo com a programação mental que adquirimos, ou seja, conforme o ambiente em que vivemos, em meio a pessoas com as quais interagimos e a partir das experiências que vivenciamos.

Assim, não temos culpa do modelo mental que adquirimos em nossa formação humana, muito menos dos nossos condicionamentos, já que não somos capazes de eleger o ambiente em que crescemos ou as pessoas que nos cercam em nossa infância. Até certa idade, estamos à mercê do destino. Esta é uma parcela de nossa vida que não podemos controlar: onde nascemos. Ironicamente, essa etapa (que não depende de nossa vontade) será o alicerce que levaremos para a nossa trajetória.

Se nascemos em um lar envolto em negatividade e crenças limitantes, seremos moldados dessa maneira. Acreditaremos, por exemplo, que dinheiro é sujo, fonte de todo mal e que não "dá em árvores"; que ser rico é para poucos; que fulano tem sucesso porque teve sorte; que nascemos para sofrer; que nem sempre querer é poder. Esses são alguns exemplos de ideias que muitas vezes incutem em nossa mente e que ecoam para sempre.

Você não tem culpa de ter nascido em um ambiente assim, em meio a maus exemplos. O problema é seguir acreditando que isso é o correto e se acomodar a uma vida medíocre. Ter uma mente alienada faz você acreditar que não é capaz de crescer, levando-o a desistir de tentar. Eu senti isso na pele, pois cresci em um ambiente que poderia ter fadado minha vida ao fracasso se tivesse permitido. Eu tinha tudo para dar errado, mas escolhi reverter isso.

É POSSÍVEL SAIR DA CAVERNA

Convivi com os meus pais até os 7 anos, aquela fase em que o fator crítico começa a se estabelecer. Durante a minha primeira infância, qual foi a programação mental que eu tive? Violência. Minha mãe e eu sofríamos constantes agressões físicas de meu pai. Entre os 3 e os 5 anos, eu o visitava no presídio, convivia com criminosos, presenciava o meu pai vendendo entorpecentes e armas, assistia a ele arquitetando ações criminosas e se escondendo da polícia.

Como marido, o exemplo que eu tinha dele era vê-lo traindo minha mãe, chegando a, inclusive, levar a amante para dentro de nossa casa. Ainda o vi cometer assassinatos; sim, ele matou pessoas diante de mim e minha mãe. A gota d'água dessa infância traumática foi como os perdi: meu pai matou minha mãe na minha frente e, logo após, cometeu suicídio comigo no colo. Ele caiu morto em cima de mim e eu precisei me desvencilhar de seu corpo. Eu, uma criança de 7 anos, passei por isso tudo.

Diante dessa história, talvez você me olhe de outra maneira agora, pode ser até que com olhar de pena. Eu poderia ter usado isso como justificativa para todos os problemas que se seguiram na minha vida, mas não o fiz. Decidi que não queria compaixão de ninguém, muito menos de mim mesmo, ou seja, eu não seria uma vítima. Isso, porém, levou tempo e exigiu um esforço sobre-humano de minha parte.

ESTA É UMA PARCELA
DE NOSSA VIDA
QUE NÃO PODEMOS
CONTROLAR:
ONDE NASCEMOS.
IRONICAMENTE, ESSA
ETAPA (QUE NÃO
DEPENDE DE NOSSA
VONTADE) SERÁ
O ALICERCE QUE
LEVAREMOS
PARA A NOSSA
TRAJETÓRIA.

Fazendo uma alusão ao mito da caverna, de Platão,[5] devo dizer que o primeiro passo é você reconhecer que está dentro da caverna, isto é, entender que está em meio à escuridão. Esse diagnóstico é muitas vezes difícil de ser feito, pois, quando se viveu a vida inteira assim, não há parâmetros para diferenciar a luz da sombra. É necessário, portanto, desenvolver uma percepção apurada do ambiente em que se está para encontrar a saída. O segundo passo é se esforçar para sair da caverna e o terceiro, lidar com a luz forte do conhecimento.

Este é o processo no qual comecei a guiar você, caro leitor: tirá-lo da sua caverna e mostrar que o universo está repleto de oportunidades. E, se está com este livro em mãos, é porque está pronto para isso – o que muito me alegra!

A VIDA DE QUEM ESTÁ DENTRO DA CAVERNA

Agora, imagine um personagem qualquer. Pode ser alguém que conheça, uma pessoa imaginária ou até mesmo você. Observando os bens que possui – o carro ultrapassado, a casa velha, as condições financeiras limitadas e o nível de vida aquém do sonhado –, ele se compara àqueles que obtiveram sucesso na vida. Desse modo, surgem sentimentos como incapacidade, vitimismo, desmerecimento, impotência, frustração, vergonha, vontade de desistir, falta de confiança e raiva de si mesmo.

---

5 O mito da caverna é um texto retirado do célebre livro de Platão, *A república*, e narra a história fictícia de prisioneiros que vivem desde pequenos acorrentados em uma caverna escura, cuja única visão que têm do mundo são sombras projetadas em uma parede, as quais são geradas porque atrás deles há uma fogueira – e, por trás desta, pessoas, que passam com animais e carregam objetos. Certo dia, um deles consegue sair da caverna e sente os olhos doerem ao deparar com a luz do sol, uma vez que passou a vida inteira na escuridão. Após o choque inicial, porém, ele percebe a vasta realidade que existe além da caverna. A alegoria trata do poder do conhecimento, representado pela luz, que revela todas as cores e formas existentes na natureza, mas que provoca dor em um primeiro momento, quando entendemos nossa posição de ignorância no mundo. Conferir a alegoria completa em: PLATÃO. *O mito da caverna*. Bauru: Edipro, 2015.

Um problema frequente é a pessoa ter esses sentimentos e começar a buscar os responsáveis por suas infelicidades e frustrações, delegando aos outros e ao acaso tudo de ruim que lhe acontece. Passa a procurar culpados pelo próprio fracasso, já que não tem autorresponsabilidade e protagonismo de sua vida. O resultado é uma bola de neve: seu cotidiano fica envolto em conflitos e diversas situações negativas, como humilhações, brigas com os familiares por falta de dinheiro e por não ser alguém ativo. Ela acaba sendo obrigada a trabalhar em um emprego do qual não gosta, tornando-se prisioneira da própria empresa ou, ainda, dependente de determinada prestação de serviço básica.

Esse indivíduo calcou sua existência em apenas sobreviver para pagar as contas, prover o sustento e o teto da família, sem conseguir ir além. Ele tem vontades não atendidas, enfrenta dificuldades para manter as suas necessidades básicas, vive apenas com a visão de curto prazo e não pode definir uma meta para o futuro, pois não sabe nem se vai conseguir pagar as contas no fim do mês. Essa pessoa está dentro da caverna.

A seguir, listo os sintomas que evidenciam que alguém (que pode ser você) precisa mudar a mentalidade:

- Vitimização;
- Sentimento de impotência e incapacidade;
- Medo de não dar o seu melhor;
- Falta de clareza para definir objetivos e aonde deseja chegar;
- Crenças que limitam suas ações por medo de falhar;
- Privação de controle emocional;
- Carência de domínio mental;
- Ausência de foco e disciplina;
- Inconsistência;
- Rotina não definida;
- Hábitos não saudáveis;
- Incerteza com relação a arriscar mudanças;
- Sentimento de falta de merecimento;

- Pobreza material;
- Não ter o corpo que queria;
- Gastos excessivos;
- Preocupação por achar que não é competente;
- Insegurança;
- Falta de direcionamento;
- Mentalidade medíocre, escassa e fixa;
- Medo de morrer e não ter dado o melhor de si;
- Receio de decepcionar a família por não ter obtido sucesso;
- Medo da opinião dos outros;
- Falta de inteligência emocional, poder pessoal e clareza.

Sim, a lista é extensa. Se você se identifica com pelo menos parte dela, é porque chegou a hora de mudar.

RELACIONE, NO MÍNIMO, CINCO ITENS QUE IDENTIFICOU EM VOCÊ:

1 _____

2 _____

3 _____

4 _____

5 _____

Eu trabalho bastante essa lista com meus mentorados. Muitos afirmam que se sentem desvalorizados. E você? Quando se olha no espelho, você sente orgulho de si mesmo? Se respondeu que não, eu o entendo, pois também já passei por isso! Eu me via como alguém bem inferior a um médico, a um soldado, a um empresário e a qualquer outra pessoa. Para mim, eu era só eu mesmo, um ninguém; não valia muita coisa. Mudei, porém.

Bem, tenho uma ótima notícia para lhe dar: você já deu o primeiro passo, pois reconheceu que precisa de ajuda. Por mais óbvio que pareça, infelizmente, ainda há muitas pessoas presas na caverna e sem interesse e força de sair dela.

A MINHA CAVERNA

Foi no sistema penitenciário que descobri o que era fé – não a relacionada a uma religião ou crença, mas, sim, aquela em seu mais puro sentido: crer mesmo quando não há motivos para tal, independentemente das circunstâncias. Fé é o ponto de apoio para quem passa por um momento crítico na vida, é a corda na qual se segurar quando se enfrenta muitos desafios, porém compreende que o êxito é possível com empenho e dedicação. É esse o sentimento que desejo que o leitor tenha em seu processo de mudança e crescimento.

Fiquei recluso dos 18 aos 29 anos, idade em que as pessoas costumam estudar, fazer cursos, viajar, iniciar suas carreiras e famílias. Na corrida da vida, eu estava atrasado em relação a quem nunca esteve preso. Essa era a minha caverna. No início, eu espiava as sombras e não as compreendia; estava na escuridão, não via meios ou motivos de sair dali. No entanto, alguns anos depois, essa visão mudaria de forma radical. Eu escolhi correr mais rápido do que aqueles que estavam do lado de fora, vivendo normalmente.

A nossa vida nada mais é do que o resultado de nossas escolhas e ações. Entenda: você só tem a vida que tolera! A terceira lei de Newton, na Física, é o princípio da ação e reação: para toda ação, há uma reação de igual intensidade.[6] Tal qual ocorre com os objetos, podemos levar esse conceito para o nosso dia a dia.

---

6 LEIS DE NEWTON. *In*: WIKIPEDIA. Disponível em: https://pt.wikipedia.org/w/index.php?title=Leis_de_Newton&oldid=63533681. Acesso em: 6 maio 2022.

SAIA DA MEDIOCRIDADE

Se seu casamento está ruim, por exemplo, é preciso se questionar acerca dos motivos. Você já pensou qual é a sua participação nisso? O amor entre vocês simplesmente acabou ou essa crise foi resultado de uma série de atitudes e comportamentos que desgastaram a relação? Quando surgiram os problemas, qual foi a sua reação? Você fugiu deles ou procurou resolvê-los? Você mentiu, traiu ou faltou com respeito? Seja humilde e reflita sobre suas atitudes.

Outro exemplo: se a sua saúde não está boa, reflita sobre os seus hábitos. Você fuma? Cuida da sua alimentação? Pratica exercícios físicos? Visita o médico com frequência para fazer um *check-up*? Se o seu problema for financeiro, como ele surgiu? Você ficou desempregado, mas tinha uma reserva financeira? Pensou duas vezes antes de comprar por impulso e parcelar no cartão de crédito?

É claro que passamos por imprevistos ao longo da vida. Afinal, ninguém está livre de uma fatalidade, de descobrir que sofre de alguma doença congênita rara, de ser assaltado, de ser traído, de sofrer um acidente ou de perder o emprego. Garanto ao leitor, porém, que essas fatalidades que não controlamos são 20% da nossa vida; os outros 80% você pode, sim, controlar.

Se você sabe que há casos de diabetes na família, é seu dever consultar um médico com frequência e realizar exames periodicamente para acompanhar sua taxa de glicose. Se seu emprego é ruim, você pode procurar um novo e buscar qualificações para crescer na carreira e ter mais satisfação profissional. Sabendo que imprevistos ocorrem, junte uma reserva financeira. Se comprar um carro novo, contrate um seguro.

Eu poderia listar centenas de situações que podem ser resolvidas e até evitadas com cuidados preventivos. Isso é assumir o protagonismo de própria vida, entender que pode fazer seu caminho e se preparar para aquilo que não puder controlar: os 20% da vida, parcela que pode ser revertida. Basta estar preparado para lidar com esses impactos. Caso contrário, viverá como uma folha seca voando suscetível ao vento.

Como eu narrei, houve um momento em que escolhi assumir a responsabilidade pelos meus atos, quando abandonei o papel de vítima que me mantinha na caverna escura, dificultando o meu progresso. Foi então que tive de enfrentar a minha dor e me fortaleci, tomando de volta as rédeas da minha vida.

QUAL É A SUA DOR?

O ser humano muda por dois motivos: para livrar-se da dor ou satisfazer um prazer. A primeira barreira a ser vencida é a própria mente; afinal, ao nos acostumarmos à dor de uma vida indesejada, nossa mente impõe obstáculos a fim de que permaneçamos em nossa zona de conforto (o que é mais fácil e economiza energia).[7] São as chamadas crenças limitantes, ou seja, ideias a respeito do que podemos ou não fazer, as quais nem sempre condizem com a realidade. Para romper esse limite, é necessário passar por um forte impacto emocional, capaz de ferir nossos valores. Apenas nesse ponto de catarse virão à tona sentimentos e desejos e, assim, será possível reunir a força necessária para operar a grande mudança.

O meu grande momento de virada aconteceu quando eu tinha 25 anos, ou seja, estava na prisão havia sete. Era uma manhã fria no interior de São Paulo quando os policiais do Batalhão de Choque da PM realizaram uma blitz no pavilhão onde eu ficava. Deveria ter sido um procedimento de rotina, pelo qual eu já havia passado inúmeras vezes, mas naquele dia foi diferente, pois aconteceu algo que me desestabilizou por completo.

Os policiais jogaram água fria nos presos e os cães latiam ferozmente rente ao nosso rosto. Fomos atingidos por balas de borracha. Entrei em pânico, comecei a tremer e ter falta de ar. A sensação era

---

[7] PACILÉO, A. Como se libertar de crenças limitantes? *Blog Empreendendo Direito R7*. São Paulo, 1 jul. 2022. Disponível em: https://noticias.r7.com/prisma/empreendendo-direito/como-se-libertar-de-crencas-limitantes-01072022. Acesso em: 18 jul. 2022.

de morte. Toda aquela situação me fez sentir o pior dos seres humanos. Percebi que chegara ao fundo do poço; havia fracassado na vida. E isso me incomodou.

Naquele instante de dor e pavor, passou um filme na minha cabeça. Recordei-me de minha caminhada até ali: lembrei-me do meu pai, de todo o sofrimento que minha mãe vivera com ele, de tudo o que eu sofrera. Pensei também nos outros presos, muitos reincidentes que passariam a vida atrás das grades sem qualquer perspectiva além do crime. Foi então que me dei conta de estar repetindo os passos do meu pai e comecei a me questionar por quê. Qual seria a razão de eu aturar viver daquela maneira? Qual seria o meu fim?

Foi um momento de grande autoconsciência. Entendi que precisava parar de cavar aquele poço. Tinha de dar um basta naquilo e sair da escuridão da caverna.

No meu dia da virada, jurei a mim mesmo que nunca mais passaria por situação semelhante. Naquela ocasião, me propus a assumir o comando da minha vida, pondo valor em cada passo da minha jornada: decidi que me tornaria alguém de **valor**, que viveria de acordo com os meus **valores** e sendo fiel a eles, gerando **valor** na vida das pessoas. Essa determinação me mudou por completo, e as dores física e emocional foram o estopim para essa transformação.

Agora, pergunto a você: qual é a sua dor? Respire fundo e feche os olhos por alguns segundos. Ao abri-los, responda:

QUAL É A SUA DOR?

Em uma de minhas palestras, eu falo para o público sobre cura, dando como exemplo a dor física: não adianta apenas tomar um analgésico, pois, ao passar o efeito da medicação, ela voltará. Você precisa se curar para não sentir mais dor.

Eu já estive no inferno e ele se chama prisão. Só quem foi encarcerado é capaz de compreender – e tudo bem, pois cada um tem as próprias vivências. Digo isso apenas para afirmar que sei o que é estar na ausência total de luz e precisar se agarrar à corda da fé, como comentei anteriormente, a fim de sair do poço em que se encontra. E eu segurei-a com firmeza, tendo a consciência de que o importante era deixar aquela escuridão, sabendo que, ao chegar do outro lado, encontraria um novo caminho para trilhar e descobriria novas maneiras de me estabelecer.

Para que isso fosse possível, porém, foi necessário ter autoconfiança; assim, assumiria um risco. Ao chegar do outro lado, lidaria com situações novas e desagradáveis, até alcançar meu objetivo.

Lembre-se do que já comentei: não será um caminho fácil. No entanto, na escala de pontos da vida, você já ganhou o primeiro e ouso dizer que já subiu o degrau inicial rumo ao sucesso. Continuemos essa subida, então!

A PRIMEIRA BARREIRA A SER VENCIDA É A PRÓPRIA MENTE; AFINAL, AO NOS ACOSTUMARMOS À DOR DE UMA VIDA INDESEJADA, NOSSA MENTE IMPÕE OBSTÁCULOS A FIM DE QUE PERMANEÇAMOS EM NOSSA ZONA DE CONFORTO.

CAPÍTULO 2
Não repita comportamentos destrutivos

Não viemos a este mundo com um manual de instruções sobre como funcionam nossa mente, nossas emoções, crenças, nossos padrões comportamentais ou modelo e programação mental. Todavia, conforme explicado no capítulo anterior, temos uma esplêndida habilidade de absorver e copiar o que ocorre no ambiente, tanto que passamos a falar e a andar imitando nossos pais e/ou aqueles que estão ao nosso redor. Da mesma maneira que aprendemos habilidades físicas, copiamos convicções e visões de mundo. Assim, ao repetir os padrões de quem nos criou, vivemos alienados e atrelados a hábitos iguais aos deles. É preciso romper esse ciclo.

Na tragédia *Édipo rei*, escrita pelo dramaturgo grego Sófocles,[8] encontramos a ideia de destino como algo imutável: não adianta fugir dele, o desfecho será o mesmo. Nessa história, oráculos preveem que Édipo está fadado a se casar com a própria mãe, Jocasta, e a matar o pai, Laio. Após muitas voltas e tentativas de evitar que acontecesse o que fora dito, Édipo descobre que a terrível previsão havia se confirmado. Desesperado, fura os próprios olhos.

Embora eu seja um grande apreciador do legado grego na nossa cultura, discordo do conceito que afirma ser o destino algo selado

---

[8] SÓFOCLES. *Édipo rei*. Rio de Janeiro: Clássicos Zahar, 2018.

desde o nascimento. Se você se fixar nisso, nunca vai evoluir, ficando preso à ideia de que não importa o que faça, seu destino já está pre-determinado. Isso é o que chamo de prisão mental. Se eu tivesse me apegado à ideia do destino selado, teria aceitado que a minha vida era viver em meio ao crime. A verdade é que, no meu momento de virada, eu me dei conta de que o fato de ter tido um pai criminoso não fazia de mim alguém fadado a viver na ilegalidade.

Livre-arbítrio é a chave nesse contexto, pois é ele que lhe confere liberdade para construir a própria jornada, mudando o que lhe causa insatisfação. Guarde bem isso: você não nasceu para sofrer, nem para passar por dificuldades financeiras, ou para ficar estagnado na profissão que odeia, como se isso fosse uma sina da qual não pode escapar. Mesmo que alguém já tenha dito que seu destino é viver de certo jeito, ignore. Acredite, você tem as rédeas da sua trajetória. Nossa vida não é uma tragédia grega; somos capazes de determinar o final da nossa história ou, pelo menos, qual final não queremos.

Em relação à ideia de que temos o direito de querer mais, a filósofa política alemã Hannah Arendt apresenta um conceito bem interessante sobre o "direito a ter direitos" em sua obra *Origens do totalitarismo*,[9] através de uma discussão a respeito do imperialismo europeu e dos principais regimes totalitários do século XX – o nazismo, de extrema direita, e o stalinismo, de extrema esquerda. O contexto é bem diferente do assunto tratado aqui, mas o fato é que Arendt aborda o "direito a ter direitos" como algo elementar: não basta existirem direitos se você não pode usufruir deles ou se não tem consciência de que existem. Assim, não adiantam milhares de possibilidades se você não as vê ou não se sente merecedor delas.

É lamentável que mulheres que sofrem de violência doméstica não se vejam merecedoras de direitos. Estão tão debilitadas, física

---

[9] Publicado pela primeira vez em 1951, *Origens do totalitarismo* examina as origens históricas e as características políticas comuns dos principais regimes totalitários do século XX: o nazismo, de direita, e o stalinismo, de esquerda. Para saber mais: ARENDT, H. *Origens do totalitarismo*: Antissemitismo, imperialismo, totalitarismo. São Paulo: Companhia de Bolso, 2013.

e emocionalmente, que já não têm forças para pedir ajuda ou tentar mudar sua condição. A vítima permanece em uma prisão mental, afogada em seus problemas, e o desespero toma conta de sua mente. Sem apoio, será muito difícil abandonar o sofrimento. Eu vi a minha mãe passar por isso e o desfecho foi trágico. Por isso, não basta apenas que existam políticas públicas, é necessário que a sociedade esteja atenta a esse problema e se torne uma rede de apoio.

É aqui que entra o meu trabalho de conscientização. Você pode e deve buscar uma vida melhor, você pode e deve buscar sua felicidade, você pode e deve gritar, denunciar e mudar a sua realidade. Você é digno do melhor! Meu objetivo é ajudá-lo a se fortalecer e se sentir alguém merecedor de direitos. Com este livro, quero ser um elo da sua rede de apoio.

Decidi que tenho o direito a andar bem-vestido, comer comidas deliciosas, realizar os meus sonhos e dormir em uma cama confortável. Isso é amor-próprio. É difícil falar nele quando se está esgotado, vivendo no limite, mas é necessário ter esse cuidado! Amar a si mesmo é fundamental. Coloque-se como prioridade também, entenda que você também precisa fazer o melhor por si mesmo.

Sabe o que seria interessante fazer neste exato instante? Refletir sobre o que lhe dá prazer. Para isso, faça algo simples, como beber uma xícara de café em uma cafeteria ou ligar para um amigo para conversar. Pare e reflita sobre as coisas boas que você merece!

REPROGRAMANDO A MENTE

Para reprogramar nossa mente, devemos mudar nossos hábitos. Da mesma maneira que você viu e repetiu ao longo de sua vida comportamentos destrutivos, está na hora de aprender e imitar comportamentos construtivos.

Essa não é uma tarefa fácil. Como já vimos, continuar com seus hábitos de sempre, realizar as mesmas coisas, nos mesmos lugares, com as mesmas pessoas, tudo isso é o ideal para sua mente. Se passar a vida toda no sofá assistindo à televisão, alimentando-se mal e prejudicando a sua saúde, para a sua mente está tudo bem, pois ela está cumprindo sua função: fazer o corpo economizar energia.

A questão é que não podemos viver assim. Devemos despender energia, seja física, seja mental.

E como reprogramar a mente para operar mudanças de comportamento e até de crenças? O primeiro ponto é entender o que de fato significa reprogramação mental: nada mais é do que dar um sentido novo a algo que está em sua mente bloqueando-o ou impedindo-o de realizar algo que deseja. Isso pode ser feito de duas maneiras: por meio de um forte impacto emocional ou de ações repetitivas.

Vou dar um exemplo. Vamos supor que uma criança chamada Maria,[10] aos 7 anos, época em que o fator crítico da mente consciente está se estabelecendo, precisa apresentar um trabalhinho de escola perante toda a classe. Lá está ela, toda tímida e um pouco nervosa, pois nunca passou por situação semelhante. Apesar de preparada, pois estudou bastante para aquele momento, sente-se insegura com a exposição. Seus colegas fazem piadas sobre ela, jogam bolas de papel em sua direção e começam a imitá-la. A professora, com nível de poder pessoal e autoridade, em vez de conter a situação e repreender os alunos, também a ridiculariza.

O que isso ocasiona no subconsciente de Maria? Um estado emocional negativo, pois ela sentiu vergonha, ficou nervosa e insegura, desconfortável com aquela situação. E nunca mais quis passar por algo parecido.

Uma das funções da nossa mente é nos proteger. Uma equipe da Universidade Northwestern, nos Estados Unidos, publicou em

---

10 Apesar de usar um nome fictício, trata-se de um caso real que atendi em um processo de hipnoterapia.

2017 – no periódico científico *Nature Neuroscience*[II] – os resultados de uma pesquisa realizada para descobrir como o cérebro processa experiências traumáticas. Chegou-se à conclusão de que elas causam uma série de reações químicas que deixam "marcas" no cérebro, as quais nos fazem ter determinadas reações ao relembrarmos situações que remetam a sofrimento passado. E foi isso que aconteceu com Maria. Para protegê-la, sua mente vinculou um estado emocional negativo à cena vivenciada durante a apresentação do trabalho escolar, gerando a seguinte crença limitante: "Eu não sei falar em público! Eu não consigo! Eu não sou boa o suficiente! Vão rir de mim!". Assim, a menina perdeu a confiança em si mesma. Esse bloqueio a acompanhou durante sua vida adulta como um mecanismo para que ela não passasse mais por aquele estado emocional negativo.

Maria, agora com 37 anos, foi promovida a gestora na empresa em que trabalha. Ela precisa treinar sua equipe, é boa naquilo que faz, é dedicada e tem ótima performance em seus resultados, porém, quando precisa falar para um grupo de mais de dez pessoas, trava, sua frio, a garganta seca e a voz não sai. Isso acontece porque o subconsciente não sabe a diferença entre passado, presente e futuro, então, ao deparar com uma experiência semelhante a uma anterior, associa o presente com o estado emocional enfrentado em ocasião passada. Surge, assim, a necessidade de nos protegermos para não enfrentarmos o mesmo sofrimento.

A história da Maria é um exemplo de forte impacto emocional, algo que é possível ser trabalhado por meio de hipnoterapia, terapias, treinamentos e mentorias. Para reverter essa situação, é necessário desvincular o estado emocional negativo do fato ocorrido. Desse modo, ao passar por isso novamente, não haverá vínculo

---

[II] CIENTISTAS descobrem como memórias traumáticas se escondem no cérebro. *Universidade de Passo Fundo (UPF)*, 4 set. 2017. Disponível em: https://www.upf.br/biblioteca/noticia/cientistas-descobrem-como-memorias-traumaticas-se-escondem-no-cerebro. Acesso em: 18 jul. 2022.

emocional; apenas a lembrança de uma ocasião desconfortável, mas que não afeta mais, pois foi ressignificada.

Para ressignificar, é preciso resgatar aquela vivência desconfortável, o que é possível com o auxílio da hipnoterapia, terapia que age por meio da hipnose, entendida como o estado natural da nossa mente. Por meio de forte emoção, consegue-se acessar emoções e crenças negativas, traumas, bloqueios vinculados a um fato ocorrido no passado. Nesse estado de hipnose, é feita uma regressão ao momento em que se instalou essa emoção para que ocorra uma ressignificação, isto é, que seja dado novo sentido ao trauma vivido, desvinculando-o de lembranças dolorosas. A hipnose foi uma ferramenta usada por Freud antes de ele criar a psicanálise. À época, o objetivo era investigar as queixas de seus pacientes.[12]

Ao acessar a mente de Maria por meio da hipnose, encontrei o elo entre o sofrimento atual e o passado; depois disso, desatei esse nó para que ela conseguisse seguir em frente sem carregar o peso da experiência anterior. Minha estratégia foi tratar o episódio de maneira racional numa sessão que consistiu, entre outras etapas, na sugestão de comandos positivos para que ela repetisse e visualizasse as orientações, fazendo sua mente reconhecer o processo de transformação pelo qual estava passando.

"Maria, você era uma menina de 7 anos. Hoje, você é uma mulher de 37. Se alguém desrespeitá-la, você tem autoridade para se impor. No seu trabalho, você é a gestora da equipe e tem poder de decisão. Logo, aquele sofrimento e aquela incapacidade de se defender ficaram no passado. Hoje, você é outra pessoa em outro tempo e lugar." Desse modo, eu mostrei à Maria que aquele sofrimento foi impactante por uma série de motivos inerentes àquela fase, mas que hoje a mesma situação pode ser contornada de outras maneiras.

---

[12] SANTI, A. de. Freud e a hipnose. *Superinteressante*, 27 fev. 2020. Disponível em: https://super.abril.com.br/especiais/a-hipnose-contra-a-histeria/. Acesso em: 18 jul. 2022.

AO REPETIR OS PADRÕES DE QUEM NOS CRIOU, VIVEMOS ALIENADOS E ATRELADOS A HÁBITOS IGUAIS AOS DELES. É PRECISO ROMPER ESSE CICLO.

A IMPORTÂNCIA DE SE CRIAR BONS HÁBITOS E UMA ROTINA

Os comportamentos autodestrutivos no dia a dia transformam certas atitudes em hábitos, e hábitos são ações repetitivas, que podem tanto fazer bem quanto mal. Ao criar um hábito, sua mente não precisa gastar energia para que você o realize com frequência. Então, ao desenvolver o hábito de procrastinar, por exemplo, sempre que tiver de realizar algo recém-adquirido, será mais fácil para sua mente se manter estagnada, pois você se acostumou a deixar para depois tarefas novas.[13]

A procrastinação pode estar ligada a problemas como ansiedade.[14] Um estudo publicado na revista científica *Social and Personality Psychology Compass* afirma que a procrastinação é resultado de uma falha na autorregulação e na regulação emocional. Resumindo, quando estamos diante de uma tarefa que gera desconforto, tendemos a tentar resolver o desconforto, não a tarefa. Não é preguiça, é proteção do cérebro.

Outro estudo publicado na *Psychological Science* e produzido por pesquisadores da Universidade Ruhr Bochum[15] revelou que as duas áreas do cérebro envolvidas nas tomadas de decisões – a

---

[13] SANTI, A. de. A ciência da procrastinação. *Superinteressante*, 2 abr. 2019. Disponível em: https://super.abril.com.br/comportamento/a-ciencia-da-procrastinacao/amp/; ESTUDO mostra que a procrastinação é resultado da estrutura cerebral – especialista explica como vencê-la. *Terra*, 29 nov. 2019. Disponível em: https://www.terra.com.br/amp/noticias/dino/estudo-mostra-que-a-procrastinacao-e-resultado-da-estrutura-cerebral-especialista-explica-como-vence-la,adba3376ccd26dce889a33e90fe578d22vp7udtl.html; PROCRASTINAÇÃO não é preguiça, é um problema emocional. *Instituto de Psiquiatria do Paraná (IPPr)*, s./d. Disponível em: http://institutodepsiquiatriapr.com.br/blog/procrastinacao-nao-e-preguica-e-um-problema-emocional/. Acessos em: 18 jul. 2022.

[14] CARVALHO, P. Desconcentração, procrastinação: os sinais menos conhecidos da ansiedade. *Viva Bem Uol*. São Paulo, 19 jun. 2021. Disponível em: https://www.uol.com.br/vivabem/noticias/redacao/2021/06/19/desconcentracao-procrastinacao-os-sinais-menos-conhecidos-da-ansiedade.htm. Acesso em: 21 jul. 2022.

[15] AS CONEXÕES cerebrais que explicam por que algumas pessoas preferem deixar tudo para depois. *BBC News Brasil*, 25 ago. 2018. Disponível em: https://www.bbc.com/portuguese/geral-45328890. Acesso em: 18 jul. 2022.

NÃO REPITA COMPORTAMENTOS DESTRUTIVOS

amígdala e o córtex – apresentam uma ligação mais fraca nesse grupo, e que a amígdala tende a ser maior nos procrastinadores. E é ela quem processa emoções e está ligada aos níveis de motivação, enquanto o córtex ajuda no processo de tomada de decisões e corta distrações. Mas isso não é uma sentença.

No livro *O poder do hábito*,[16] Charles Duhigg afirma que são necessários vinte e um dias de repetição de uma ação para que ela se torne um hábito. Então, é preciso que você se esforce a começar hoje e que persista. Uma técnica que aplico na minha vida é a dos cinco minutos: se alguma ação leva até cinco minutos para ser executada, eu a realizo naquele exato momento. Mandar uma mensagem, organizar papéis bagunçados, seja o que for, se não for levar mais de cinco minutos, eu faço na hora.

Quando ações repetitivas são cumpridas com consistência, disciplina e foco e, com isso, criam um hábito bom (ou seja, comportamentos produtivos e saudáveis integrados à sua rotina), a sua mente não mais precisará despender energia extra para realizá-las. Inovar, agir e ter iniciativa virarão um hábito. Assim, um comportamento destrutivo é alterado, conferindo-se um sentido novo para aquela ação. Essa é outra maneira de reprogramação mental.

Talvez você esteja se questionando: "Mas rotina não é o mesmo que zona de conforto?". Não, não é! Zona de conforto não leva você a lugar algum, é estagnação. Já rotina significa consistência – e, quando você cria uma rotina saudável, é algo ótimo. Uma rotina de dieta balanceada e exercícios físicos, por exemplo, o ajudará a manter sua saúde em dia. Uma rotina de estudos o auxiliará a passar naquele tão sonhado concurso público.

Muitas pessoas afirmam que não gostam de rotinas, mas isso ocorre por não entenderem que o que se torna chato é a monotonia; esta não é experienciada quando se tem uma rotina rígida, a qual

---

[16] DUHIGG, Charles. *O poder do hábito*: por que fazemos o que fazemos na vida e nos negócios. Rio de Janeiro: Objetiva, 2012.

pode trazer resultados visíveis e significativos. Mude seus hábitos se sentir que uma rotina se tornou monótona, mas não desista dela. A consistência o fará alcançar seus resultados. O que o empresário e escritor Conrado Adolpho declarou em uma de suas palestra que assisti, é verdade: "Nada nem ninguém vence uma pessoa que faz todo dia a mesma coisa com disciplina e foco".

Para identificar se está tendo padrões, hábitos e rotina destrutivos, olhe para os seus resultados e se pergunte: "Já alcancei meus objetivos? Tenho a vida, a família, o emprego, as finanças que desejo?". Se esse não é o caso, então tem algo errado aí e você deve fazer algo a respeito.

Para começar a se familiarizar com rotinas e não ter um dia todo bagunçado realizando as coisas a qualquer hora e de qualquer jeito, comece com um exercício bem simples, porém eficaz: crie uma *to do list*. Só o ato de elaborar uma lista de tarefas diárias, organizando a rotina, criando um painel visual com dias, horários e períodos das atividades, já será útil para driblar a procrastinação e superar comportamentos destrutivos.

Uma dica: quando começar a pensar a respeito de suas ações e de como deve ser a sua nova rotina, não se esqueça de inserir momentos de pausa. Ter um tempo livre para não pensar em nada, apenas para degustar uma boa refeição, é tão importante quanto dedicar uma hora do dia para estudar. Não veja o grau de importância das suas ações apenas de maneira literal ou material. Entenda que tudo faz sentido, até mesmo o tempo ocioso. Precisamos desses instantes para nossa saúde mental. Pese nessa balança todas as suas necessidades e inclua nelas a sua felicidade; afinal, ser feliz é a nossa principal meta. Entenda que, mesmo que seu objetivo seja enriquecer, não adiantará conquistar seu primeiro milhão acompanhado de uma ponte de safena.

ROTINA VAI ALÉM DE ATITUDES

É importante se atentar para as pessoas com as quais você se relaciona e os ambientes que frequenta. Certa vez, Emanuel James "Jim Rohn" – grande empreendedor, autor e palestrante motivacional estadunidense – declarou: "Você é a média das cinco pessoas com quem mais convive".[17] Cinco é apenas um exemplo – aqui, lê-se uma pessoa, cinco ou cinquenta –, do mesmo modo que não se refere apenas a pessoas, mas a tudo aquilo que consumimos (música, livros, filmes), bem como ambientes que frequentamos, quem seguimos nas redes sociais e grupos de WhatsApp dos quais fazemos parte. Tudo isso forma nosso cotidiano e pode poluir nossa mente, fazendo-nos perder tempo e diminuir nossa produtividade naquilo que de fato importa. Afinal, tudo quanto permitimos estar em contato conosco se incorpora à nossa programação mental – são as chamadas influências.

Não adianta se desvincular de padrões negativos da infância e substituí-los por outros também negativos. O exercício a ser feito é se questionar sempre sobre como tem levado a vida, em que posição está e se de fato está agindo para chegar ao seu objetivo, e não se distraindo com besteiras ao longo da trajetória. Será uma briga constante consigo mesmo, pois sua mente sempre tentará fazê-lo voltar ao conforto.

Com uma rotina saudável – que engloba não apenas suas atitudes, mas também as pessoas com quem convive, lugares que frequenta e demais exemplos já citados –, é possível chegar ao sucesso, ao patamar que tanto anseia.

---

[17] GROTH, A. You're The Average Of The Five People You Spend The Most Time With. *Business Insider*, 24 jul. 2012. Disponível em: https://www.businessinsider.com/jim-rohn-you-re-the-average-of-the-five-people-you-spend-the-most-time-with-2012-7. Acesso em: 18 jul. 2022.

CAPÍTULO 3

Saia da bolha: conquiste a vida que merece

Agora que você, nos capítulos anteriores, já conseguiu identificar seu problema, reconheceu certos padrões de conduta e entendeu o porquê de agir como age, chegou a hora de romper a bolha – ou, citando mais uma vez o mito da caverna, sair da caverna e encarar a luz. Assim como os olhos doem em contato com a claridade após um longo período na escuridão, ao rompermos nossa bolha, de início nos sentimos desprotegidos. No entanto, apesar de ser um movimento difícil e doloroso, ele é necessário.

Para romper a bolha em que vive e construir uma vida de sucesso e conquistas, é imprescindível identificar os pontos a serem mudados (o que você deve ter feito durante a sua leitura até aqui) e desenvolver habilidades e competências necessárias para utilizar o seu poder interior.

Na prisão, quando decidi mudar a minha vida, percebi que deveria agir de modo diferente se quisesse alcançar resultados diferentes. A minha decisão foi deixar a "manada", isto é, os criminosos. Essa era a minha bolha.

O ambiente de uma penitenciária é propício para que um indivíduo permaneça na ilegalidade; nele, muitos entram "pequenos" e saem líderes de facção. Em 2001, o relatório de gestão publicado pelo Departamento Penitenciário Nacional (Depen), do Ministério da Justiça, afirmou que "a reincidência criminal em 1º de janeiro de 1998 era de 70%. Em 2008, o relatório final da Comissão Parlamentar de Inquérito (CPI) do sistema carcerário utilizou essa informação, e divulgou que a taxa de reincidência dos detentos chegava a 70% ou 80%".[18]

Eu sabia que, apesar das difíceis condições de vida e sobrevivência no espaço carcerário, mudar era algo possível, pois não é porque o ambiente é ruim que você precisa ser ruim também. Mesmo que todos ao seu redor estejam fazendo o errado, você pode ser o único a fazer o certo. A mudança vem de dentro, não de fora. Desse modo, se eu quisesse ter uma vida contrária àquela, deveria agir de maneira oposta à deles. Criei, então, uma nova rotina, baseada nos preceitos de "mente sã, corpo são". Vou falar um pouco dela para você.

COMO COMECEI A ROMPER A MINHA BOLHA

Assim foi o primeiro passo para fora da bolha: fazer algo diferente. No presídio, comecei a praticar musculação, pois não gostava de jogar futebol ou cartas, muito menos de usar drogas. Eu, um rapaz franzino, que até então não era afeito aos esportes, passei a me exercitar. Aos poucos, vi que a prática de exercícios físicos estava me fazendo bem. Eu levantava garrafas pet cheias de água amarradas em cabos de vassoura, pulava corda, fazia abdominais, corria na quadra. Sentia-me revigorado depois de cada treino.

Essa rotina de esportes, apesar de melhorar meu físico, era um enorme desafio, pois minha alimentação não oferecia os nutrientes necessários para o desenvolvimento muscular, meu sono não era de boa qualidade e eu não tinha acesso a nenhum tipo de suplemento,

---

[18] ALMEIDA, V. de. Carreiras criminais, continuidade heterotípica e genocídio: os problemas estatísticos e estruturais da reincidência no Brasil. *Instituto Brasileiro de Ciências Criminais (IBCCRIM)*, 30 abr. 2018. Disponível em: https://www.ibccrim.org.br/noticias/exibir/6870/. Acesso em: 18 jul. 2022.

ou mesmo de vitaminas. O que eu tinha mesmo – e de sobra – era um desejo ardente de ocupar minha mente e meu tempo enquanto estivesse lá dentro. Anos depois, quando li sobre o tema, entendi que a prática de atividade física libera diversos hormônios, como a endorfina, o hormônio do bem-estar.[19]

Também desenvolvi o hábito da leitura. Ao entrar no sistema prisional, eu não gostava de ler, mas mudei por completo. Eu, que ia para a escola apenas para "fazer farra" e depois abandonei os estudos (não tenho nem o Ensino Médio completo), me descobri um ávido leitor. Era uma maneira de ocupar o tempo de modo positivo e de me desconectar daquele ambiente tóxico enquanto não estava me exercitando. Resumindo: após perceber que deveria romper a bolha, passava a maior parte do tempo praticando exercícios e lendo.

Agindo assim, eu sentia que, apesar de meu corpo estar preso, minha mente estava livre, pois a leitura ajudava a elevá-la e libertá-la. Em dez anos, passei por dezesseis unidades prisionais, entre Centro de Detenção Provisória (CDP), Regime Disciplinar Diferenciado (RDD), penitenciária e semiaberto (colônia). Havia bibliotecas em algumas delas, mas eram bem limitadas – alguns presos, no entanto, tinham condições financeiras para trazer livros. Eu devorava o que encontrava pela frente: livros sobre espiritismo, História, Filosofia, empreendedorismo, desenvolvimento humano, biografias, tudo. Nem sei quantas obras li ao todo. Assim, desenvolvi gostos, a ponto de ter minhas leituras preferidas. No fim deste capítulo, falo um pouco sobre elas.

Todo esse aprendizado me permitiu sair da bolha em que vivia e ser quem eu sou hoje. Mais do que me ajudar a sair do universo que eu conhecia, forneceu conhecimentos necessários para que eu rompesse o ciclo e iniciasse minha trajetória de sucesso. Toda vez que eu lia um livro, minha visão de mundo se expandia, surgindo um novo

---

[19] ALMEIDA, M. D. S. S. A prática de exercício físico aeróbio no tratamento da depressão. *Repositório Digital da UFPE*, 25 jan. 2018. Disponível em: https://repositorio.ufpe.br/handle/123456789/23353. Acesso em: 18 jul. 2022.

QUANDO MENTALIZAMOS O QUE ALMEJAMOS, DAMOS COMANDOS AO NOSSO CÉREBRO DO QUE DEVE SER FEITO, CRIANDO CAMINHOS E SOLUÇÕES PARA ALCANÇAR AQUELE OBJETIVO.

pedaço do meu novo eu. À medida que eu ganhava conhecimento, minha confiança aumentava. Ao me espelhar em histórias de sucesso, comecei a estabelecer conexões comigo e a identificar em mim quais elementos eu poderia desenvolver.

O PODER MENTAL DE VISUALIZAR AS COISAS

À medida que lia, passei a criar alguns personagens em minha mente, imaginando-os naquelas obras. Então, comecei a me inserir nas histórias, desenvolvendo um personagem de sucesso: um empresário próspero, em uma grande empresa física, com dezenas de funcionários, pai de família, com filhos maravilhosos que me chamavam de super-herói, ao lado de uma esposa maravilhosa, parceira e leal. Eu até me imaginava com a casa e o carro dos sonhos, viajando para muitos países e estados do Brasil.

Isso se fixou em minha mente de tal maneira que, em todos os momentos do dia (inclusive quando estava me exercitando), eu ficava imaginando como eu seria quando saísse da cadeia. Era tão real que me dava forças, fé e esperança de um dia agir diferente e, assim, recomeçar a minha vida.

Hoje, como um profissional na área do desenvolvimento humano, entendo o poder mental de visualização antes de as coisas acontecerem. Entenda: tudo o que está ao seu redor fisicamente foi criado por alguém em pensamento, ou seja, tratava-se de uma ideia abstrata antes de assumir forma material. Quando mentalizamos o que almejamos, damos comandos ao nosso cérebro do que deve ser feito, criando caminhos e soluções para alcançar aquele objetivo.

A obra *O poder da visualização criativa*,[20] de Elizabeth Mednicoff, aborda uma técnica que consiste em aprender a usar o poder da imaginação e transformar sonhos em realidade. Segundo a autora, um

---

[20] MEDNICOFF, E. *O poder da visualização criativa*. São Paulo: Universo dos Livros, 2007.

dos caminhos é visualizar e sentir todas as emoções de forma verdadeira. E assim foi comigo. Antes de ser quem eu me tornaria, criei versão melhor de mim e esse personagem, depois que meu sistema já havia se familiarizado com aquilo, ficou mais próximo da realidade. Ao criar o modelo a ser trabalhado, estipulei um objetivo claro. Afinal, ao sair da caverna, não basta apenas caminhar a esmo, é preciso saber aonde vai. E, para isso, é necessário agir.

É PRECISO AGIR!

Não pense o leitor que basta mentalizar coisas positivas, que elas acontecerão como em um passe de mágica. É necessário idealizar o que deseja e todo dia dar o seu melhor com disciplina, foco e consistência para que seu sonho se realize. Você não vai se teletransportar da saída da caverna direto ao seu destino final. Será preciso caminhar até lá, trajeto ao longo do qual haverá inúmeros obstáculos. Ninguém trilhará esse caminho por você.

Pessoas bem-sucedidas têm visão de longo prazo e se planejam. No entanto, vivem o agora, concentradas em suas atitudes no presente. Seu foco não são os prazeres momentâneos, mas, sim, o resultado de suas ações. Importante dizer: é claro que devemos desfrutar de certos prazeres momentâneos, porém de maneira inteligente, de modo que não comprometa nossos objetivos. Por meio da atividade a seguir, vou ajudar você a ter essa clareza de objetivo, a sair da caverna e pensar em como dará os seus primeiros passos fora dela.

Projete os principais objetivos de, pelo menos, sete áreas de sua vida para daqui a dez anos. Use sua imaginação, então quanto mais detalhes, melhor. E não se acanhe: pense grande! Quando mentalizar algo maravilhoso, não o descarte. Nada de podar seus pensamentos.

Convido o leitor a fechar os olhos e se imaginar uma pessoa de muito sucesso. Visualize cada elemento dessa vida feliz e próspera.

Depois, abra os olhos e anote o que lhe veio à mente. Se desejar, inclua mais alguma área na lista.

1 – Corpo

COMO SERÁ O SEU CORPO, SEUS PERCENTUAIS DE GORDURA E DE MASSA MAGRA? QUANTO PRETENDE PESAR? QUAIS MEDIDAS DE CINTURA, DE COXA, DE BÍCEPS E DE TRÍCEPS PRETENDE TER?

A

B

C

D

E

2 – Autoconhecimento

QUEM VOCÊ SE TORNARÁ? QUAIS COMPETÊNCIAS E HABILIDADES O SEU NOVO EU TERÁ? QUAIS CONHECIMENTOS VOCÊ ADQUIRIU AO LONGO DE DEZ ANOS? SERÁ UM SER HUMANO MELHOR EM QUAIS ASPECTOS?

A

B

C

D

E

CORAGEM INABALÁVEL

3 – Ciclo social/família

VOCÊ ESTARÁ CERCADO DE QUE TIPO DE GENTE? SEU NETWORKING SERÁ COMPOSTO DE QUAIS NOMES? COMO FARÁ PARA SE RELACIONAR COM ESSAS PESSOAS? COMO SERÁ SUA FAMÍLIA? QUE TIPO DE PAI/MÃE VOCÊ SE TORNARÁ? COM QUEM SE CASARÁ? QUE TIPO DE RELACIONAMENTO TERÁ COM SEU CÔNJUGE?

A

B

C

D

E

4 – Propósito/profissão

QUAL É O SEU PROPÓSITO? O QUE VOCÊ FARIA PELO RESTO DA VIDA SEM RECLAMAR, COM PLENA SATISFAÇÃO? COMO VAI SERVIR E SER ÚTIL AO PRÓXIMO? QUE TIPO DE RECONHECIMENTO PROFISSIONAL ALMEJA? FAMA? AUTORIDADE?

A

B

C

D

E

5 – Finanças/patrimônio

QUAL SERÁ SUA RENDA MENSAL OU SEU FATURAMENTO ANUAL? SEUS INVESTI-
MENTOS SOMARÃO QUANTO? QUAL SERÁ O VALOR DO SEU PATRIMÔNIO TOTAL?
EM QUAIS ATIVOS ELE SERÁ INVESTIDO? (AQUI, SUGIRO QUE VOCÊ PREENCHA
UMA FOLHA DE CHEQUE NOMINAL PARA SI MESMO, COM O VALOR LÍQUIDO QUE
DESEJA TER EM CONTA, E COM A DATA PARA DAQUI A DEZ ANOS.)

A

B

C

D

E

6 – Espiritualidade

COMO SERÁ O SEU LADO ESPIRITUAL? E A SUA RELAÇÃO COM DEUS OU COM O
SEU CRIADOR? NO QUE VOCÊ ACREDITARÁ E COMO EXERCITARÁ SUA ESPIRI-
TUALIDADE? SENTIRÁ PAZ CONSIGO?

A

B

C

D

E

7 – Filantropia

COMO VOCÊ CONTRIBUIRÁ COM A SOCIEDADE, EM ESPECIAL COM OS MAIS NECESSITADOS? EM QUAIS PROJETOS SOCIAIS E FILANTRÓPICOS ESTARÁ ENVOLVIDO? QUANTO DOARÁ PARA A MELHORIA DO MUNDO? REALIZARÁ ALGUM TRABALHO VOLUNTÁRIO?

A

B

C

D

E

8 – Outros

QUAIS OUTRAS CONQUISTAS VOCÊ ALCANÇARÁ? O QUE VOCÊ FARÁ MELHOR? QUAIS NOVAS ALEGRIAS TERÁ?

A

B

C

D

E

AGORA, DEIXE UMA MENSAGEM PARA A SUA VERSÃO DE DAQUI A DEZ ANOS.

Com esse exercício feito, você já começa a visualizar a construção da pessoa que deseja se tornar. Olhe para tudo aquilo que fará daqui para a frente e retome essas perguntas, avaliando qual é a próxima curva da rota da sua vida.

O PODER DE NÃO PARAR A AÇÃO E SE MANTER ABERTO AO NOVO

Após sair da cadeia, continuei minhas leituras, aprendendo sempre e fazendo musculação, mas também me permiti experimentar outros esportes. Foi então que conheci o jiu-jítsu, método de luta que pratico há mais de cinco anos, com o qual – eu garanto – aprendi muito. Um dos aprendizados foi desenvolver a minha competitividade, pois, ao lutar com o adversário, você se vê compelido a dar o seu melhor; assim, vai conhecendo e delimitando o seu próprio jogo.

O jiu-jítsu também me ensinou a lidar com as adversidades da vida e a me manter confortável mesmo em uma circunstância de desconforto. É uma questão de doutrinar a mente, mantê-la tranquila, focando em reverter aquela situação – e, mesmo se isso não for possível, logo o tempo da luta acabará ou, no máximo, você baterá no tatame para que o adversário o solte.

Na verdade, são vários os benefícios que a prática de jiu-jítsu me trouxe, tais como saúde, disciplina, foco, consistência, autoconfiança, pontualidade, respeito, defesa pessoal, condicionamento físico, controle emocional e mental.

E por que estou compartilhando isso com o leitor? Porque você deve buscar algo que lhe dê disposição e estímulos semelhantes, e manter essa prática em sua vida. Não é porque saiu da sua bolha que vai largar todas aquelas tarefas que tanto lhe fizeram bem. Algumas serão substituídas quando estiver do lado de fora da bolha, é claro. O que estou dizendo é que você precisa manter a mentalidade de seguir sua rotina e as ações que o levarão a alcançar seus objetivos.

O jiu-jítsu funcionou para mim, mas você é livre para descobrir como lidar com as adversidades da vida. Pode ser andando de bicicleta, nadando, fazendo alguma dança, praticando yoga, jogando tênis ou futebol, correndo... Existem centenas de opções, com certeza você vai encontrar algo de que goste. Talvez exista um talento escondido aí dentro e o leitor não sabe por não se permitir conhecer algo novo. Isso também vale para o mundo dos negócios. Por exemplo, você só identifica os seus pontos fortes a partir do momento que se permite explorá-los.

Como eu disse, não basta sair da bolha, é necessário se manter fora dela. Então, foque na mudança e na manutenção dessa vida e não esqueça que, para isso, é crucial se manter em movimento. Estagnação leva ao fracasso!

Quando o assunto é sair da bolha, gosto muito de trazer o caso de um dos meus mentorados, que, após cumprir pena de doze anos no Espírito Santo, foi apresentado ao meu conteúdo por meio de sua advogada, minha seguidora. O objetivo dele era sair daquela vida: a bolha do crime. Nós nos conhecemos por meio do Instagram e ele fez um processo de mentoria comigo, em que definimos caminhos

FOQUE NA MUDANÇA E NA MANUTENÇÃO DESSA VIDA E NÃO ESQUEÇA QUE, PARA ISSO, É CRUCIAL SE MANTER EM MOVIMENTO. ESTAGNAÇÃO LEVA AO FRACASSO!

e direções para sua vida pessoal e profissional. Juntos, traçamos planos e o direcionei a alguns cursos técnicos para que pudesse se capacitar na área que queria seguir. Por intermédio da mentoria, de direcionamento correto e estudo, mostrei-lhe que existe um mundo melhor fora da bolha. Ele abriu sua empresa e hoje é um empresário.

INDICAÇÕES DE LIVROS

Uma das leituras que me marcaram muito durante o tempo em que estive preso foi *As 48 leis do poder*, do autor estadunidense Robert Greene.[21] É um livro sobre administração, negócios, poder e controle, no qual aprendi muitas estratégias utilizadas durante séculos no mundo inteiro. Nessa obra, descobri que, para construir imagem e autoridade fortes e me tornar empreendedor, eu precisaria deter poder sobre o meu mercado, agir bastante, jamais subestimar alguém e, acima de tudo, não apenas conquistar o poder, mas mantê-lo.

Também destaco *A arte da guerra*, de Sun Tzu,[22] clássico que me ensinou muito com o personagem Sun Tzu, um general e filósofo chinês que viveu entre os séculos 6 e 5 a.C. Essa obra revela técnicas de planejamento e liderança que abriram meus olhos para questões como o fato de o intelecto ser maior que a força bruta e a necessidade de sempre manter nossas estratégias em segredo, além de sermos muito críticos na hora de analisar qualquer situação.

O célebre *O príncipe*, de Maquiavel,[23] foi muito importante para mim. Naquelas páginas, tive lições como nunca me submeter, não me diminuir nem me menosprezar, sempre me fazer útil e indispensável, ter orgulho de

---

[21] GREENE, R. *As 48 leis do poder*. Rio de Janeiro: Rocco, 2000.
[22] TZU, S. *A arte da guerra*: um clássico sobre estratégia e liderança. São Paulo: Gente, 2021.
[23] MAQUIAVEL, N. *O príncipe*. São Paulo: Penguin-Companhia das Letras, 2010.

minhas ações e desempenhar qualquer tarefa com competência e honra. Também aprendi que deveria ser obstinado, não temer o que possam vir a falar de mim, entender que jamais devo me importar com a opinião alheia e que, acima de tudo, preciso realizar o que tem de ser feito.

Por fim, cito *Ganhando tração*, de Gino Wickman,[24] obra por meio da qual aprendi tudo sobre sucesso nos negócios, empreendedorismo e planejamento estratégico. Entendi como eu me tornaria um empresário de sucesso e qual é a importância de se construir visões de futuro de uma empresa a médio e longo prazo. Soube como projetar a imagem que quero ter do meu negócio em três anos, além de fazer planos de um ano e metas de noventa dias. O autor ainda explica como criar uma equipe de liderança para tornar a empresa autogerenciável e, dessa maneira, não precisar depender apenas do proprietário. Outros ensinamentos são: ter valores fundamentais e uma cultura forte para que todos os que trabalham na organização possam remar no mesmo sentido.

---

[24] WICKMAN, G. *Ganhando tração*. Rio de Janeiro: Sextante, 2011.

CAPÍTULO 4
Na direção certa

Nos capítulos iniciais, compartilhei com você um pouco sobre a minha trajetória e apresentei informações a respeito da importância de passar por uma transformação para alcançar seus objetivos. Já munido de conhecimento teórico, chegou a hora de agir!

Dividi a minha metodologia em sete pilares, cada qual sendo uma etapa a ser cumprida, como se fossem os degraus de uma escada.

O primeiro de que vamos tratar é a clareza. Você precisa enxergar que tem um problema e se sentir incomodado com a situação para que decida mudar; do contrário, não sairá do lugar. Dispa-se dos seus orgulhos e aceite que está vivendo aquém do sonhado. E, então, entenda que a sua atual situação é fruto de suas atitudes (ou da falta delas).

Mas atenção: não existe vida perfeita sem obstáculos; problemas fazem parte dela. A diferença entre pessoas bem-sucedidas e as mal-sucedidas é o modo como lidam com essas adversidades. Assim, assuma a posição de protagonista da sua história e não se deixe levar pelo vitimismo, buscando culpados por suas frustrações.

Uma boa metáfora para compreender essa etapa da clareza é imaginar que você entrou em sua mente e está diante de uma grande bagunça (a sua vida, no caso). Abra todas as gavetas e coloque os objetos para fora (seus hábitos e atitudes atuais). Você vai lidar com muito lixo, muitos itens de valor, dos quais alguns ainda precisa,

porém de outros não. Vai até deparar com objetos que nem lembrava mais que existiam.

Então, passe a analisá-los. Pense em quais comportamentos precisa eliminar e quais deve adquirir, refletindo sobre quais atitudes suas não cooperam para o seu desenvolvimento. Reflita sobre cada objeto (comportamento) e selecione aquilo que serve e o que não lhe serve mais.

Por exemplo: você identifica que o seu problema é obesidade. Então, começa a abrir as gavetas da sua mente e a perceber seus comportamentos, que podem ser: comer de forma compulsiva, ter uma alimentação rica em açúcar e carboidratos, não se exercitar, beber demais nos finais de semana etc. Identifica também que talvez suas atitudes sejam oriundas da sua infância, repetindo padrões de seus pais, ou que foram adquiridas depois, por algum outro motivo – talvez um quadro de ansiedade que lhe causou um distúrbio alimentar. Você apenas chegou a essas conclusões todas porque teve clareza sobre o seu problema.

QUE TAL VOCÊ TREINAR ISSO AGORA? ANOTE A SEGUIR O SEU PROBLEMA E QUAIS COMPORTAMENTOS IDENTIFICA QUE PRECISA MUDAR:

_____
_____
_____
_____
_____

É HORA DE DECIDIR QUAIS MEDIDAS TOMAR

Após identificar o problema e as atitudes que precisa mudar, é o momento de decidir quais medidas de alto impacto que farão a diferença precisa incorporar à sua vida. Sim, me refiro àquelas que você tem procrastinado adotar, sem coragem para tal.

Uma única decisão desse tipo é capaz de mudar toda a sua trajetória, de seus filhos e dos netos que talvez ainda estejam por vir. Alguns exemplos de medidas de alto impacto são: demitir-se do emprego que o faz infeliz, pedir o divórcio ao seu(sua) parceiro(a), romper alguma amizade tóxica, matricular-se em um cursinho preparatório para vestibular, demitir aquele colaborador que não segue a cultura da sua empresa.

Eu sempre tive facilidade para tomar decisões, pois foi por meio delas que obtive resultados extraordinários. No entanto, entendo que muitos têm dificuldade nessa área, em especial se as decisões forem importantes, afetando bastante suas vidas e a de pessoas queridas ao seu redor.

Tenha em mente que toda grande decisão implica dificuldades, mas não há como escapar disso. Você precisa tomar a decisão e enfrentar suas consequências; sem isso, não chegará ao seu objetivo. No entanto, tenha certeza de uma coisa: você sairá fortalecido dessa etapa, pois terá vencido o desafio. Isso o motivará grandemente!

Continuando o exemplo da obesidade, algumas decisões poderiam ser: procurar ajuda de um nutricionista para regular a alimentação, de um profissional de educação física para lhe recomendar exercícios físicos, de um psiquiatra se seu caso é compulsão alimentar e por aí vai...

ASSUMA A POSIÇÃO DE PROTAGONISTA DA SUA HISTÓRIA E NÃO SE DEIXE LEVAR PELO VITIMISMO, BUSCANDO CULPADOS POR SUAS FRUSTRAÇÕES.

NA DIREÇÃO CERTA

VAMOS CONTINUAR PRATICANDO! AGORA, ESCREVA A SEGUIR QUAIS DECISÕES
PRECISA TOMAR DE MODO A MODIFICAR SEUS COMPORTAMENTOS:

CONHEÇA SEUS VALORES

É fundamental ter clareza de seus valores, saber o que lhe é mais caro e inegociável. Pode ser que valorize mais a família, ou a sua liberdade, suas realizações, segurança e estabilidade – eu não sei quais são os seus valores, mas você precisa tê-los muito claros, pois serão a sua base, o seu norte. Eles o ajudarão a traçar sua trajetória de vida pessoal e profissional.

Por exemplo: em um relacionamento, se você não sabe quais são os seus valores, como aceitará os valores de seu cônjuge e aprenderá a conviver com eles? Se não sabe quais são as suas prioridades, como conseguirá estipular metas e limites? É impossível. E é por isso que muitos relacionamentos não dão certo. Pense comigo: se um valoriza uma família cheia de crianças e o outro não quer ter filhos, como isso funcionará? Outro exemplo é um empresário que não sabe quais os valores de sua própria empresa. Como seus funcionários serão fiéis a algo desconhecido? Nem sentido isso faz!

ENTÃO, CONTINUANDO O NOSSO EXERCÍCIO, ESCREVA A SEGUIR PELO MENOS DEZ DE SEUS VALORES PRINCIPAIS:

UMA VIDA COM PROPÓSITO

Você precisa ter clareza do que deseja fazer em sua vida profissional. Falaremos mais a fundo a respeito desse tema em um capítulo mais à frente, mas já apresento essa questão aqui para que o leitor comece a refletir sobre ela. Para o seu propósito, não leve em consideração apenas aspectos lógicos e financeiros; é preciso que seja algo que você ame, que faria por prazer, de tanto que adora. Podem ser habilidades como escrever bem, ensinar as pessoas, cuidar de animais, cozinhar, ou seja, qualquer atividade pela qual nutre afinidades profundas.

ESCREVA AQUI QUAL É O SEU PROPÓSITO NA VIDA:

HABILIDADES A SEREM DESENVOLVIDAS

Outra atitude importante é saber quais competências precisa desenvolver para atingir aquilo que faz sentido para você. Em minha jornada de crescimento pessoal e profissional, precisei desenvolver algumas habilidades para prosperar. Eu tenho pouco estudo formal – como já disse, nem completei o Ensino Médio –, mas, ainda assim, abri uma transportadora frigorífica e consolidei uma frota de caminhões. Para isso, foi necessário entender de processos, gestão, finanças, contabilidade e, principalmente, de pessoas.

Após ser bem-sucedido com a Bianchini Transportadora, abri uma segunda empresa: o Instituto Bianchini, que oferece treinamentos e mentorias na área do desenvolvimento humano. Depois dessa, já fundei uma terceira, a Bianchini Treinamentos e Eventos LTDA Tração Empresarial, voltada para mentorias de empresários, eventos, congressos e palestras, e já estou indo para a quarta em outra área.

Isso mostra que, assim como eu, você também pode desenvolver as competências necessárias para atingir o que deseja. Para tanto, é preciso saber o que estudar e onde buscar sua fonte de aprendizado. Assim, informe-se sobre quais conhecimentos são necessários para alcançar o que almeja. Estudar gestão de pessoas, aprender inglês ou sobre alimentação saudável, seja qual for a mudança que pretende conquistar, você terá que se aprimorar.

ESCREVA QUAIS HABILIDADES E COMPETÊNCIAS PRECISA DESENVOLVER:

NA DIREÇÃO CERTA

Tenha certeza de onde deseja chegar. Muitas pessoas não saem do lugar porque sequer sabem para onde ir. Outras têm medo de avançar na caminhada e fracassar, portanto ficam presas ao passado, repetindo padrões e não se permitindo aprender coisas novas. Isso alimenta um ciclo de estagnação: não saem do lugar porque têm medo e não sabem qual direção seguir; e, por não se movimentarem, não descobrem para onde ir. Se você não está certo ainda sobre aonde deseja chegar, delimite, pelo menos, em que situação deseja não permanecer mais. É uma questão de: "Não sei o que quero, mas sei muito bem aquilo que não quero".

NA DIREÇÃO CERTA

VAMOS FAZER UM EXERCÍCIO. LISTE A SEGUIR PELO MENOS SETE COISAS QUE DESEJA ELIMINAR DA SUA VIDA. PODE SER EM SUA EMPRESA, TRABALHO, RELACIONAMENTO, VIDA PESSOAL OU SOCIAL.

1

2

3

4

5

6

7

Agora, comprometa-se com você mesmo: a partir de hoje, tudo o que listou na atividade anterior não fará mais parte da sua vida.

Ter clareza o leva a mudar padrões, reconhecer a sua identidade, entender a sua essência e desenvolver a sua maturidade. Sem isso, você pode acabar caindo em armadilhas. A mais comum é buscar fugas emocionais para preencher o vazio interno, adoecendo com compulsões e uso de entorpecentes, rendendo-se ao consumo de pornografia e outras situações ruins para o seu bem-estar. Além disso, a falta de foco propicia a repetição de padrões. Sem clareza, você repete padrões de seus pais e avós, preso a uma atitude arraigada em sua infância. No entanto, o leitor já é adulto, tem responsabilidades para com seus filhos, esposa ou marido, emprego, empresa e demais assuntos inerentes à vida. Não adianta ter ferramentas se não houver discernimento e controle emocional. Lembre-se: apenas quando se está focado se consegue motivação

PARA O SEU PROPÓSITO, NÃO LEVE EM CONSIDERAÇÃO APENAS ASPECTOS LÓGICOS E FINANCEIROS; É PRECISO QUE SEJA ALGO QUE VOCÊ AME, QUE FARIA POR PRAZER, DE TANTO QUE ADORA.

para buscar mais conhecimentos em cursos, livros, mentorias e treinamentos.

Talvez você ainda nem saiba o porquê de estar neste mundo, mas chegou a hora de mudar isso. Então, reflita sobre a sua vida e tudo o que abordamos neste capítulo. Quais são a sua prioridade, as suas regras internas, os seus princípios? Começará, então, a ter clareza a respeito de sua trajetória pessoal e profissional, sabendo o que realmente deseja fazer pelo resto da vida, aquilo que você de fato ama.

Há uma frase de William Ernest Henley de que gosto muito: "Eu sou o dono do meu destino, eu sou o capitão da minha alma" – trecho do poema "Invictus",[25] escrito pelo poeta inglês em 1875. Essa leitura ajudou Nelson Mandela, nos vinte e sete anos em que esteve preso, durante o regime do *Apartheid*,[26] na África do Sul. E o que ela significa? Que enquanto você não assumir o comando da sua vida, enquanto não tiver comprometimento, atitude, coragem e clareza, continuará caminhando sem rumo, sem prosperar. Ao afirmar que é o comandante da sua alma, você cria uma atitude de força dentro de si.

Se Nelson Mandela, preso em virtude de um regime racista, suportou as piores dores e obteve forças para transformar a realidade não apenas da vida dele, mas de todo um país,[27] você também

---

25 HENLEY, W. E. *Invictus*. São Paulo: Barbatana, 2020. Disponível em: https://www.edicoesbarbatana.com.br/pd-7e0d33-invictus-c-xilogravura-original-william-ernest-henley-eduardo-ver.html. Acesso em: 18 jul. 2022.

26 O *Apartheid*, que em africâner significa separação, foi um regime fortíssimo de segregação racial que vigorou na África do Sul entre 1948 e 1994. De acordo com suas leis, negros eram considerados cidadãos de segunda categoria, não tinham direito ao voto, não podiam adquirir terras, deveriam frequentar escolas separadas dos brancos, entre outras regras que por eles tinham de ser seguidas. Nelson Mandela lutou contra esse regime; como resultado, foi preso. Em 1964, recebeu condenação à prisão perpétua, mas foi libertado em 1990, por pressão internacional. Em 1993, conquistou o Nobel da Paz por sua bravura e, em 1994, tornou-se presidente daquele país.

27 CARVALHO, Diana. Nelson Mandela: quem foi, onde nasceu, quando foi preso e outras dúvidas. *UOL*, 18 jul. 2020. Disponível em: https://www.uol.com.br/ecoa/faq/nelson-mandela-quem-foi-onde-nasceu-quando-foi-preso-e-outras-duvidas.htm. Acesso em: 18 jul. 2022.

conseguirá operar a sua mudança. Grande parte de sua luta é consigo mesmo, com seus obstáculos internos que o impedem de trilhar o caminho do sucesso. Mas lembre-se: ninguém vai escalar a montanha da sua vida por você. A responsabilidade pela sua vida, por suas conquistas e realizações é somente sua.

"EU SOU O DONO
DO MEU DESTINO,
EU SOU O CAPITÃO
DA MINHA ALMA."

— William Ernest Henley

CAPÍTULO 5
Construa sua autoconfiança

Já falamos sobre a importância da fé ao longo do processo. Isso porque de nada adianta ter as ferramentas necessárias para operar a sua mudança se você não acreditar que é capaz e que o esforço que fará (ou está fazendo) trará resultados. Assim, mais uma vez: tenha uma fé inabalável. Nesse contexto, não relaciono fé a uma crença religiosa – o leitor pode crer em Deus e buscar forças Nele, bem como pode ser ateu; isso não importa. O ponto é que é preciso acreditar que conquistará seus objetivos; afinal, se não acreditar em seu potencial, quem mais o fará? Por acaso, você se submeteria a uma cirurgia com um médico em quem não confia? Pense que você é o médico da sua vida, que vai curá-la, e tenha plena confiança em si mesmo.

Não duvide de que é capaz de desenvolver novas habilidades e competências e adquirir novos conhecimentos. Aquelas pessoas que tanto admira, as grandes figuras públicas bem-sucedidas, também passaram por processo semelhante. São seres humanos iguais a mim e a você. Então, pare de pensar que é inferior, achando que não dará "conta do recado". Todos temos talentos, o que muda são as áreas: uns têm aptidão para o esporte, outros para a matemática; há aqueles que têm facilidade com a área artística, mas todos são capazes de realizar grandes feitos se tiverem os instrumentos adequados.

CORAGEM INABALÁVEL

Já comentei antes que, ao sair da bolha, é preciso permitir-se conhecer o novo. Isso também serve em caso de você ainda não saber qual é o seu talento. Você simplesmente pode adquirir um.[28] Para tanto, precisará abrir-se a novas experiências e depois encarar o processo com treino, prática, determinação, disciplina e foco. Mantendo a consistência em algo de que goste, conseguirá bons resultados.

É como na fábula da lebre e da tartaruga. Você a conhece? A tartaruga, cansada de ser zombada pela sua lentidão, desafiou a lebre em uma corrida. É de conhecimento que, de fato, a lebre é um animal ágil, ao passo que a tartaruga é vagarosa. Então, era de se esperar que a primeira ganhasse a corrida. Não foi isso o que aconteceu, porém. Enquanto a lebre achava que a corrida estava ganha e se acomodou, cochilando, a tartaruga persistiu, seguiu em seu passo lento, mas firme, ininterruptamente até o final, vencendo a corrida.[29]

BUSCANDO O SEU TALENTO

Quando o assunto é talento, não conheço ninguém com mais autoridade para falar a respeito do que Joel Jota, ex-atleta da Seleção Brasileira de natação, empreendedor e mentor de negócios. Ele foi um de meus mentores no início de minha jornada de crescimento pessoal e profissional e, por isso, tem grande participação no meu caminho rumo ao sucesso. Em seu livro *Ultracorajoso*,[30] ele nos mostra que o talento tem quatro princípios importantes a serem considerados:

---

28 O talento adquirido, aquele desenvolvido no decorrer da vida, é muito comum em pessoas acima dos 30 anos.

29 A LEBRE E A TARTARUGA. *In*: WIKIPEDIA. Disponível em: https://pt.wikipedia.org/w/index.php?title=A_Lebre_e_a_Tartaruga&oldid=58485894. Acesso em: 7 jun. 2022.

30 JOTA, J. *Ultracorajoso*: verdades incontestáveis para alcançar a alta performance profissional. São Paulo: Gente, 2021.

CONSTRUA SUA AUTOCONFIANÇA

1. O esforço vence o talento quando este não se esforça;
2. O que lapida o talento é a disciplina;
3. A iniciativa é a faísca do talento;
4. Não comece pelo porquê, comece pelo talento.

Ainda sobre o livro do Joel, ele apresenta o que a ciência explica acerca dessa questão, trazendo um estudo muito robusto do Instituto Gallup, fundamentado na psicologia dos pontos fortes, no qual foram mapeadas mais de 2 milhões de pessoas. Os pesquisadores chegaram à conclusão de que talento é qualquer padrão recorrente de pensamento, comportamento ou sensação que aparece naturalmente. São aptidões naturais que nos fazem agir de determinada maneira diante das situações do dia a dia.[31]

Joel nos mostra que, segundo Buckingham, há quatro categorias do talento:

1. Construção de relacionamento;
2. Pensamentos estratégicos;
3. Influência;
4. Execução.

Vamos parar por alguns instantes e refletir sobre essas questões, respondendo às atividades a seguir.

O QUE VOCÊ FAZ DE MANEIRA NATURAL, SEM MUITO ESFORÇO EM RELAÇÃO AOS OUTROS?

---

[31] BUCKINGHAM, M. *Descubra seus pontos fortes*. Rio de Janeiro: Sextante, 2017.

CORAGEM INABALÁVEL

Talvez você tenha facilidade para se comunicar, senso de liderança, boa visão estratégica, saiba delegar muito bem as tarefas...

Agora, reflita sobre o estilo de vida que você deseja ter e descreva algo:

GRANDIOSO E MATERIALISTA.

_____

_____

_____

MINIMALISTA.

_____

_____

_____

SUSTENTÁVEL.

_____

_____

_____

ESSENCIALISTA.

_____

_____

_____

CONSTRUA SUA AUTOCONFIANÇA

O QUE FAZ VOCÊ SE LEVANTAR DA CAMA TODOS OS DIAS E ENTRAR EM MOVIMENTO? SERIA CONSTRUIR O FUTURO DOS SEUS FILHOS? ABRIR UMA EMPRESA? TER UM CORPO ATLÉTICO?

O QUE VOCÊ MAIS AMA REALIZAR NESTE MUNDO, AQUILO QUE FARIA DE GRAÇA E SEM RECLAMAR?

Independentemente de quais forem as suas respostas, o mais importante é ser feliz. E essa felicidade será uma conquista sua. Tenho certeza de que as atividades anteriores o ajudarão bastante a, se não descobrir o seu talento, ao menos ter ideias sobre qual ele poderia ser.

A FÓRMULA DO SUCESSO

Juntos, talento, disciplina, fé, esperança e autoconfiança são a fórmula do sucesso. O talento sozinho não o levará ao sucesso almejado, ele é apenas o esforço inicial de um caminho mais longo. Todo o resto é treino! Pense no jogador de futebol Neymar, "descoberto" ainda muito jovem. Viram nele o talento para o futebol, o que lhe abriu portas. O que veio depois, porém, que o fez chegar aonde

JUNTOS, TALENTO, DISCIPLINA, FÉ, ESPERANÇA E AUTOCONFIANÇA SÃO A FÓRMULA DO SUCESSO. O TALENTO SOZINHO NÃO O LEVARÁ AO SUCESSO ALMEJADO, ELE É APENAS O ESFORÇO INICIAL DE UM CAMINHO MAIS LONGO.

CONSTRUA SUA AUTOCONFIANÇA

chegou, foram disciplina e consistência. Ele treina diariamente, e muito, sem contar sua rotina fora dos campos, alimentação disciplinada, boas noites de sono e qualidade de vida. Em um meio competitivo como o futebol, apenas ter talento não garante nada, é preciso treinar, ser cada vez melhor, estar sempre no seu limite, aprender a lidar com as dores e lesões. Essa é a vida de um jogador famoso. Do mesmo modo deve ser com você: invista todos os esforços em seu talento, sem se acomodar.

Pode estar parecendo muito difícil, mas calma! Eu estou com você. Estamos juntos nessa jornada. E mesmo que neste momento você não creia no seu potencial, acredite em mim quando declaro: você é capaz! Sei disso porque é um fato: se decidir assumir o comando da sua vida e se empenhar, der o seu melhor, terá resultados positivos. Mesmo que precise mudar a rota ao longo do caminho, algum resultado positivo vai colher, pois está movimentando a roda, fazendo a engrenagem da vida girar. Todos têm capacidades e com você não é diferente. Só não consegue quem fica prostrado ou não quer!

Se continuar se questionando sobre suas capacidades, duvidando do seu merecimento e tendo medo de crescer e prosperar, vai continuar estagnado. Portanto, vamos fazer um exercício para isso!

Primeiro, reflita sobre o porquê de acreditar que não é capaz.

Agora, vamos fazer uma viagem. Leia primeiro as instruções, depois respire fundo e feche os olhos.

Fique em estado de relaxamento e se recorde de algum momento de sua vida, provavelmente em sua infância. Pense em seus pais ou alguém que o criou, em uma professora, líder religioso ou apenas alguém mais velho que você. Alguma dessas pessoas algum dia lhe disse que você era incapaz de realizar alguma coisa? Alguém o insultou, chamou-o de burro ou algo do tipo? Disse que você não sabia fazer nada direito? Essa crença em sua incapacidade é fruto de algo que lhe disseram durante toda a sua vida? É consequência de um fracasso anterior? Seja qual for a razão, descarte-a e liberte-se.

Se essa ideia é proveniente de afirmações que você ouviu ao longo de sua trajetória, saiba que aquelas pessoas, sejam quem forem, não o conhecem – se muitas vezes nem mesmo nós nos conhecemos, como alguém nos observando de fora o fará? Já se sua insegurança provém de fracassos anteriores, entenda que você mudou. No passado, você fez de outro jeito, era diferente, e o contexto era outro. Hoje, você tem mais instrumentos – está lendo este livro, que o ajudará em sua conquista – e amealhou conhecimentos e maturidade. Se já tentou cinco vezes, encare que já sabe cinco formas de não fazer. Sendo assim, experimente outra.

A fé foi o meu guia durante meu processo. Não pense que dez anos dentro de uma prisão passam com a mesma velocidade que dez anos em liberdade. É muito tempo seguindo a mesma rotina monótona sem a possibilidade de mudança de hábitos, com as mesmas pessoas e em um ambiente terrível. Lá é difícil ter qualquer perspectiva de crescimento e é fácil perder qualquer esperança se você se deixar contaminar por tudo ao seu redor. Eu me agarrei à minha fé. Era o que eu tinha e foi o que me salvou, evitando que eu me afundasse ainda mais. Mesmo quando estava no fundo do poço, com o sentimento de fracasso e derrota, jamais deixei de acreditar em mim. Confiava que um dia viraria o jogo da minha vida, superaria as adversidades e venceria. É por isso que enfatizo tanto a importância de acreditar em si mesmo.

O escritor uruguaio Eduardo Galeano define utopia de maneira inspiradora: "A utopia está lá no horizonte. Me aproximo dois passos, ela se afasta dois passos. Caminho dez passos e o horizonte corre dez passos. Por mais que eu caminhe, jamais alcançarei. Para que serve a utopia? Serve para isto: para que eu não deixe de caminhar".[32] Assim é a fé, ela dá forças. Pessimismo não leva ninguém a lugar algum. Esta é a hora de ver o copo meio cheio.

---

32 BIRRI, F. *In*: GALEANO, E. *Las Palabras Andantes*. Tres Cantos: Siglo XXI, 1994.

CONSTRUA SUA AUTOCONFIANÇA

ADQUIRINDO CONFIANÇA

Trabalho com meus mentorados a confiança deles. Acredite, não é só você que tem problemas com ela; na verdade, grande parte dos que chegam até mim tem dificuldade de acreditar em si mesma. Essa falta de confiança, na maioria das vezes, é originária de padrões que se repetem de seus pais ou de algum trauma instalado em sua programação mental.

Existem algumas coisas a serem feitas que o ajudarão a driblar essa questão, mas saiba que o trabalho precisará ser mais profundo se for algo enraizado emocionalmente em seu subconsciente. Um processo de ressignificação, por exemplo, pode ser realizado por meio de hipnoterapia, treinamento de inteligência emocional e programação neurolinguística. É o que sugiro aos meus mentorados, quando identifico neles uma falta profunda de autoconfiança. Apenas após esse passo damos continuidade à mentoria de maneira mais assertiva.

Isso não nos impede de iniciar o processo desde já.

Já falei um pouco sobre o tema em outro capítulo: fazer exercício físico (ou esporte – no meu caso, jiu-jítsu). Outra ferramenta são as palavras de afirmação. Há duas maneiras de realizar a técnica que ensino em meus treinamentos e mentorias. A primeira é: quando estiver prestes a dormir, momento em que não vai mais assistir à televisão, falar com ninguém ou se levantar, envie sugestões afirmativas para seu subconsciente, dizendo: "Eu sou capaz. Eu posso. Eu consigo. Eu sou incrível, dedicado e competente". Durma repetindo essas palavras de empoderamento. Ao acordar, dê continuidade a esse processo (dizendo tais palavras mentalmente ou em voz alta), mas agora com mais energia, já se levantando e se esticando.

A segunda maneira é repetir essas mesmas palavras, se possível, gritando enquanto toma um banho gelado. Além de o banho gelado trazer uma série de benefícios ao corpo humano – como melhoria da circulação sanguínea e do desempenho físico, aumento da produção das endorfinas, aceleração do metabolismo, combate a doenças comuns e redução de dores –,[33] ele muda nosso estado fisiológico, ajudando-nos na questão de acreditar que somos capazes de enfrentar qualquer circunstância. Pode parecer brincadeira, mas não é. Diversos estudos comprovam o poder do banho gelado. Um deles, conduzido na Universidade de Portsmouth (Inglaterra) por Mike Tipton, professor de Fisiologia Humana e Aplicada no Laboratório de Meio Ambientes Extremos, relaciona a prática de tomar banho gelado à melhora do sistema imunológico.[34] Outro estudo, realizado na Virginia Commonwealth University School of Medicine, mostrou que a água fria ajuda a melhorar o humor de pacientes com depressão e que pode ter efeito analgésico.[35]

Descobri os benefícios do banho gelado e das palavras de afirmação de um jeito duro. Em 2003, quando eu fui preso, passei a tomar banho gelado – a assim continuei durante todo o tempo em que estive em reclusão. Não foi por vontade própria, era a única maneira que tínhamos de nos banhar. Não há água quente na prisão.

No entanto, sempre tive um espírito otimista, olhando para o copo meio cheio. Isso me possibilitou perceber que, após o contato com a água gelada, eu ficava mais alerta, me sentia mais atento e disposto no dia a dia, e as afirmações me faziam ter mais confiança e coragem para encarar o cárcere. Após conquistar a liberdade, fui pesquisar a respeito e descobri cientificamente todos os benefícios que essa prática proporciona.

---

[33] SHEVCHUK, N. A. Adapted Cold Shower as a Potential Treatment for Depression. *Medical Hypotheses*, v. 70, 2008, p. 995-1001. Disponível em: https://www.sciencedirect.com/science/article/abs/pii/S030698770700566X. Acesso em: 18 jul. 2022.

[34] TIPTON, M. J. *et al*. Cold Water Immersion: Kill or Cure? *Experimental Physiology*, v. 102, 1 nov. 2017, p. 1335-1355. Disponível em: https://physoc.onlinelibrary.wiley.com/doi/full/10.1113/EP086283. Acesso em: 18 jul. 2022.

[35] TULLEKEN, C. V. *et al*. Open Water Swimming as a Treatment for Major Depressive Disorder. *BMJ Journals*, v. 2018. Disponível em: https://casereports.bmj.com/content/2018/bcr-2018-225007.abstract. Acesso em: 18 jul. 2022.

ESTAMOS JUNTOS NESSA JORNADA. E MESMO QUE NESTE MOMENTO VOCÊ NÃO CREIA NO SEU POTENCIAL, ACREDITE EM MIM QUANDO DECLARO: VOCÊ É CAPAZ!

Outro exercício é treinar a respiração. De três a cinco vezes ao dia, pare para se concentrar apenas em sua respiração por pelo menos três minutos. Sente-se em um local confortável e sem barulho, feche os olhos e apenas inspire e espire. Comece de forma lenta, puxe o ar bem forte e solte-o. Repita isso algumas vezes e, aos poucos, aumente a velocidade.

Desconectar-se do mundo por alguns instantes ajuda a "resetar" a mente. Ao realizar os exercícios de respiração, mantenha-a vazia; tente não pensar. Concentre-se apenas no ar entrando e saindo. Você verá que, ao terminar esse exercício diário, sua mente estará mais organizada e, com isso, você conseguirá lidar com suas inseguranças de maneira mais racional, percebendo que muitas delas estão muito mais calcadas na fantasia do que no real.

Há pesquisas[36] que relacionam exercícios de respiração à nossa melhora cognitiva.

Ainda sobre os benefícios do físico na mente, Amy Cuddy, psicóloga e pesquisadora de Harvard, afirma que nossa postura, nossos gestos e nossas expressões são capazes de moldar a nossa mente.[37] Ela propõe permanecer por dois minutos no que chama de pose da Mulher-Maravilha: as mãos na cintura, queixo erguido e peito estufado, o que despertará a Mulher-Maravilha que há dentro de você. Pode parecer algo bobo, mas não é. A posição faz com os níveis de cortisol e testosterona fiquem em um equilíbrio benéfico, de forma que a liberação do cortisol seja menor e da testosterona seja maior, o que gera uma sensação de confiança maior por parte do indivíduo.

Enquanto essa posição desperta instintos positivos, ficar encolhido, cabisbaixo e com os braços cruzados pode afetar negativamente as suas ações, em especial as relacionadas a tomar iniciativas.

---

[36] Uma delas é a seguinte: GONÇALVES, M. P. *Influência de um programa de treinamento muscular respiratório no desempenho cognitivo e na qualidade de vida do idoso*. Tese (doutorado) – Brasília: Universidade de Brasília, Faculdade de Ciências da Saúde, 2007. Disponível em: https://repositorio.unb.br/handle/10482/2620. Acesso em: 18 jul. 2022.

[37] CUDDY, A. *O poder da presença*: como a linguagem corporal pode ajudar você a aumentar sua autoconfiança. Rio de Janeiro: Sextante, 2016.

CONSTRUA SUA AUTOCONFIANÇA

Cuddy cita que, em pesquisa realizada, pessoas em posições que ela chamou de posturas de alto poder apresentaram aumento da testosterona e queda do cortisol. Já os que permaneceram em posições de baixo poder tiveram resultados opostos, com diminuição da testosterona e aumento do cortisol. Por que essa relação de hormônios importa? Porque, segundo a autora, pessoas poderosas apresentam alta testosterona e baixo cortisol, ou seja, conseguem se arriscar mais e tomar decisões ousadas sem sofrer com estresse – é a fórmula bioquímica do organismo de indivíduos autoconfiantes.

Além de repetir palavras de confiança, portanto, mantenha a coluna ereta, a cabeça erguida e uma expressão serena, sem franzir a testa. Braços erguidos também são ótimos. Isso não o tornará um super-herói, mas despertará a força interior que está escondida dentro de você.

Indivíduos se tornam poderosos porque ousam mais. Eles não têm medo de errar e fazem o que acreditam ser o certo – e, quando erram, recomeçam, pois têm certeza de que vão obter êxito em algum momento. São tão autoconfiantes que não se deixam abalar pelos fracassos. Seja esse tipo de pessoa! Acredite em si mesmo!

CAPÍTULO 6
Ative os seus desejos internos

ompartilhei com o leitor um pouco da minha história, do dia em que decidi mudar e o porquê. Esse foi o meu grande impulso. Você precisa identificar qual é o seu.

Hoje, você é aquele cachorro sentado no prego, mencionado na Introdução deste livro. Então, reflita: sobre quais pregos está sentado? Que situações desagradáveis tem aturado? A força necessária para mudar está aí dentro de si, mas você a está aprisionando por vários motivos – alguns dos quais já até discutimos aqui. Acontece que, em determinado momento, tudo vai se juntar e, no ápice do incômodo, esses motivos o farão dar o grande salto.

Vou contar uma história que o fará refletir sobre isso. Roberto tinha 32 anos e pesava 130 quilos. Adorava fazer um churrasquinho com os amigos nos fins de semana, consumia bebida alcoólica de três a cinco vezes na semana, não dispensava um saboroso pudim, comia sorvete e chocolate todos os dias, sem falar nas pizzas e no fast food. Ele já vinha tendo problemas de saúde por causa da obesidade, como hipertensão, doenças cardiovasculares, diabetes, além de outras complicações, por exemplo, artrose, cansaço, refluxo esofágico, tumores de intestino e apneia do sono. Sua vida sexual estava totalmente apática e ele não tinha disposição para a prática de exercícios físicos.

Em um sábado, logo cedo, Roberto foi até a padaria comprar pães e leite para o café da manhã. Ao passar em frente à área de doces, o cheiro de seu pudim preferido o invadiu. No balcão, havia um pudim de leite condensado com calda caramelizada escorrendo ao lado. Sua boca encheu-se de água e ele chegou a imaginar o gosto da sobremesa. No entanto, a sua consciência lhe disse que não comesse o doce, pois sua saúde estava bastante debilitada e precisava seguir as recomendações dos médicos.

Roberto pensou nas consequências que sentia na pele – ou seja, a dor – e até visualizou a lápide de um túmulo com seu nome. Nessa hora, imaginou o próprio enterro, viu pessoas queridas chorando e dizendo frases do tipo: "Ele era tão novo", "Que tristeza! Uma vida interrompida tão cedo!". Sua mãe chorava abraçada à esposa de Roberto, que segurava a filha deles de apenas 1 ano.

Ainda assim, ele também pensou que era impossível prever o futuro. Talvez sequer morresse por aquele motivo; poderia chegar aos 90 anos. Logo, surgiram pensamentos como: *Só mais esse pudim. Só se vive uma vez.* Qual foi a certeza que ele passou a ter? O prazer de poder devorar aquele delicioso pudim. Então, acabou satisfazendo esse prazer momentâneo, comprando e comendo o doce inteiro. Roberto teve a chance de agir de acordo com uma dor, o que seria benéfico, porém preferiu seguir o prazer momentâneo que o faria mal.

Todos nós temos direito de escolha para tudo o que fazemos, mas, na maioria das vezes, agimos para satisfazer um prazer em vez de nos livrarmos de uma dor. Não percebemos que a dor momentânea por não satisfazer o prazer daquele instante será muito menor que a dor decorrente de nossa escolha. Roberto enfrentaria a abstinência do doce, afinal açúcar causa dependência,[38] mas colheria diversos frutos positivos ao dizer não. Ele vivia sentado em

---

[38] SHARIFF, M. *et al.* Neuronal Nicotinic Acetylcholine Receptor Modulators Reduce Sugar Intake. *Plos One*, 30 mar. 2016. Disponível em: https://journals.plos.org/plosone/article?id=10.1371/journal.pone.0150270. Acesso em: 18 jul. 2022.

cima de pregos, tal qual o cachorro no posto de gasolina, pois é mais fácil ficar no mesmo lugar, ainda que isso signifique infelicidade.

Semelhante àquelas pessoas acumuladoras que vemos em programas de TV, muitas vezes nos acostumamos com a bagunça em que está a nossa vida. Na verdade, sequer nos damos conta do tanto de lixo ao qual vamos nos agarrando e, assim, continuamos sentados nele – os pregos.

Não podemos nos deixar levar pela correnteza das adversidades até nos afogarmos. Quem vê de fora percebe que os seus problemas são gigantescos – e você se chocaria se os visse também, fazendo de tudo para sair da inércia. No entanto, quando estamos imersos em uma situação caótica, muitas vezes encontramos maneiras de contorná-la e vamos levando a vida.

O problema de aceitar os incômodos como se fossem algo normal é se contentar com o pior que a vida tem a oferecer; aos poucos, então, você vai apenas existindo e deixando de viver. Você se acostuma com uma realidade medíocre, olha ao redor e vê a parede da sua casa rachada, o seu sapato velho e rasgado, o seu carro amassado, aquela televisão antiga que mal tem sinal. É necessário perceber que você não é a rachadura da parede, nem o sapato rasgado, o carro amassado ou a televisão velha. Você é muito mais do que isso e nasceu para viver, não para apenas existir.

É preciso despertar seus desejos mais íntimos de maneira ardente, como um vulcão em erupção. Somente quando os ativar, conseguirá sair de cima dos pregos.

ATIVANDO SEUS DESEJOS

Não espere as coisas piorarem para mudar. Como dizem por aí: "Não tem nada que não possa piorar, como também não há nada que não

NA MAIORIA DAS VEZES, AGIMOS PARA SATISFAZER UM PRAZER EM VEZ DE NOS LIVRARMOS DE UMA DOR.

ATIVE OS SEUS DESEJOS INTERNOS

possa melhorar". Quem sabe o medo de viver em um cenário ainda pior que o atual já não seja a força de que precisa?

Vamos fazer um exercício para ajudá-lo a ativar seus desejos internos. Reflita sobre a área da sua vida que o está incomodando. Se for a financeira, por exemplo, pense nas contas atrasadas, nas dívidas no banco... Você vai deixar virar uma bola de neve e correr o risco de perder todos os seus bens? Vai aguardar a sua empresa falir ou ser demitido? Vai esperar ter um ataque cardíaco de tanto estresse, ficando em uma cama de hospital? Use esses medos como uma mola propulsora. O medo paralisa, mas também pode ser um impulso e despertar o desejo ardente pela mudança.

Nada é mais verdadeiro que o jargão "querer é poder". Mas deve querer de verdade! Não basta aquela vontade de leve, o "gostaria". Quando de fato se quer algo, se consegue, e por um simples motivo: você fará tudo o que estiver ao seu alcance para obter. No entanto, precisa querer genuinamente.

Já viu o filme *À procura da felicidade*, de 2006, estrelado por Will Smith? É um bom exemplo de ativação do desejo ardente. Um pai solteiro, em sérias dificuldades financeiras, decide que mudará de vida. Will Smith interpreta Chris, um vendedor que é deixado pela esposa e se vê sozinho com o filho de 5 anos. Sem conseguir pagar o aluguel, é despejado de onde mora e precisa dormir nas ruas com a criança. Até que decide que será feliz. Com unhas e dentes, conquista uma vaga em uma instituição financeira, se dedica ao máximo para ser o melhor e alcança o sucesso. Trata-se de uma história real de resiliência e superação. Esse longa representa bem a questão sobre a qual estamos falando: alguém com um sofrimento enorme, que já chegou ao seu limite, cria forças para mudar de vida. Ele alcança o sucesso não por um golpe do acaso, mas porque batalhou por isso. É uma história inspiradora!

Outro filme que recomendo, também protagonizado por Will Smith, é *King Richard: criando campeãs*, que retrata a história de

Richard Williams, pai das tenistas Serena e Venus Williams. A trama aborda a obstinação desse pai em transformar as duas filhas em estrelas do tênis. Estamos falando de uma família negra estadunidense na década de 1980, quando os negros ainda lutavam por direitos civis, em um país onde o racismo é extremamente forte. Richard usava métodos próprios e muitas vezes duros para transformar as meninas no que são hoje: campeãs. Acontece que ele tinha uma visão clara de futuro e estava determinado a fazer o que fosse preciso para alcançá-la. Queria não apenas torná-las tenistas de sucesso, mas tirá-las das ruas e evitar que entrassem em uma vida de violência, como ocorre nas periferias das cidades. Essa história reúne muitos elementos sobre os quais eu falo neste livro, como fé inabalável, visão clara de futuro e compromisso com as suas ações e resultados. Devemos nos agarrar ao que for condizente com nossas metas e descartar o que puder nos desviar de nosso objetivo final. Assim o pai das tenistas fez e os resultados são conhecidos por todos hoje em dia.

Querer é isso, é você materializar essa mudança dentro de si, visualizá-la todos os dias, se ver no contexto desejado. Pratique um exercício diário bem simples: feche os olhos por cinco minutos e sinta a realidade almejada. Observe todos os detalhes, cores, cheiros, pessoas envolvidas, endereço. Se deseja comprar um apartamento, escolha o prédio, saiba o endereço e o andar. Agende uma visita com o corretor, mesmo não tendo a intenção de comprar agora. Fique por alguns instantes no local, contemple a vista da varanda – fixe todas essas imagens em sua mente. Veja-se no lugar todos os dias, faça o seu sistema interno entender qual é o seu objetivo. Ao ter a sua meta clara, sua mente, seu corpo, seu coração e todas as células do seu organismo agirão em prol dessa conquista.

Acredite que um dia conseguirá materializar o seu desejo ardente e dirija todas as suas ações, comportamentos, gastos e decisões de acordo com esse objetivo. Não faça nada que vá de encontro a isso.

Pergunte-se antes de tudo o que pensar em fazer: "Isso me aproximará do meu desejo?". Se a resposta for negativa, não o faça. Isso vale para as mínimas coisas, como a sua postura ao sentar-se, seu modo de falar, o horário em que acorda – tudo precisa estar condizente com o seu novo eu idealizado.

Lembre-se: apenas você pode tomar as melhores decisões e ações para a mudança em sua vida!

APENAS UM IMPULSO

Você pode estar pensando: *Mas eu já sei que quero mudar algo em minha vida!* Pois é, se perguntar a qualquer um, sei que a maioria dirá o mesmo. O mundo está repleto de pessoas insatisfeitas e isso não é de todo ruim; afinal, a insatisfação motiva o ser humano a buscar o melhor. Mas há quem esteja satisfeito, que afirma ter chegado ao patamar que almeja; no entanto, trata-se de apenas uma pequena parcela da população.

Por que poucos conseguem o que de fato querem? Parte disso acontece quando a força de vontade, aquele desejo ardente, é fraca. Não se pode contar apenas com a motivação, pois ela não é sempre consistente. O sentimento que origina a vontade está instalado em uma área da mente consciente responsável apenas por 5% da nossa capacidade mental. É por isso que, às vezes, você quer muito uma coisa e depois não a quer mais – são picos de força de vontade que logo são engolidos pelos hábitos antigos e enraizados em seu subconsciente, uma área mais profunda da mente, responsável pelos outros 95% de nossa capacidade mental.

Visto que o querer é apenas um impulso, é passageiro, as coisas acabam não acontecendo. Por conseguinte, você não fez nada para conseguir o que deseja e volta para a sua realidade. O resultado é um ciclo de frustração e fracasso, continuando a conviver com as mesmas pessoas, nos mesmos lugares, tendo os mesmos comportamentos, hábitos, rotinas e tomando as mesmas decisões.

Imagine só se no meu caso, quando decidi mudar de vida, mesmo ainda estando em uma prisão por mais alguns anos, eu continuasse me envolvendo com aqueles que permaneciam na vida do crime. Assim, criei o meu ambiente favorável, afastando-me de certas conversas e indivíduos. Muitas vezes caminhei sozinho, não tinha com quem falar, mas foi a escolha que fiz para concretizar meu sonho. E, quando saí da prisão, mantive essa postura. Se continuasse frequentando os mesmos lugares de antes e convivendo com as mesmas pessoas, seria impossível colocar em prática o que planejei.

Entenda: construir um ambiente favorável é tão importante quanto suas ações e pensamentos. E é você que tem que buscar e criar um cenário favorável ao seu objetivo. Conviver com quem o puxa para baixo barrará qualquer ímpeto seu.

Mudanças não são tarefas fáceis, toda movimentação gera incômodo, por isso repito a pergunta sobre a força do seu desejo: ele é forte mesmo? Já se perguntou o motivo de querer mudar? O meu eu sabia e renunciei a muitas coisas por esse objetivo. Mas é graças a essa atitude que posso dizer que venci e estou aqui escrevendo este livro.

Você precisa estar disposto a acessar seu desejo mais ardente e ativá-lo, saber que deverá tomar decisões por vezes drásticas e renunciar a certas coisas. Garanto ao leitor, porém, que todo esse esforço vai valer a pena. Chegamos juntos até aqui e vamos continuar assim. Rumo ao próximo capítulo, então!

PERGUNTE-SE ANTES DE TUDO O QUE PENSAR EM FAZER: "ISSO ME APROXIMARÁ DO MEU DESEJO?". SE A RESPOSTA FOR NEGATIVA, NÃO O FAÇA.

CAPÍTULO 7
Comprometa-se com o agora

Toda jornada começa com um passo. Não importa se é de autodescoberta ou uma viagem de volta ao mundo, tudo teve um primeiro passo.

E, para dar o primeiro passo, precisamos de atitude. Você é uma pessoa de atitude? Como você lida diante das adversidades? Você as enfrenta com coragem ou sua atitude é sempre se esquivar delas? As respostas a essas perguntas vão dizer muito a seu respeito e sobre seus resultados gerados até aqui.

Muitas pessoas querem encurtar o caminho, pegar atalhos, dar o famoso "jeitinho brasileiro" – comportamentos típicos de quem deseja se beneficiar, mas não quer ter qualquer esforço para isso. Pode parecer muito bom na hora, mas não é sustentável. Se não houver uma base sólida, o projeto se esfacelará.

Não acredito em caminhos curtos ou fáceis. Sempre que tentei seguir por essas vias me dei muito mal: levei alguns tiros, quase perdi a minha vida e fui parar algumas vezes atrás das grades. Não se engane: a mentalidade de querer se dar bem a todo custo e sem esforço é a mesma dos criminosos – sejam os "batedores" de carteira, sejam os grandes corruptos que cometem crimes de colarinho-branco. Acontece que fazer o certo dá trabalho, mas é o que de fato trará resultados consistentes. Assim, não pule etapas, siga o curso correto e, por vezes, difícil da sua jornada. Aprenda a aproveitar o percurso.

Adotar essa postura fará toda a diferença. Saber esperar o tempo certo e conseguir se focar e desfrutar do processo é algo primordial. É o que nos impulsiona à ação e nos leva a concretizar mais resultados. Ao ver suas metas se materializando, você se sentirá mais incentivado, e isso iniciará um círculo virtuoso de realizações. É estar focado no resultado final, mas saber aproveitar cada passo do desenvolvimento.

Muitas pessoas reclamam, afirmando não estarem motivadas para realizar suas tarefas diárias. Várias despertam pela manhã já sem energia e ânimo, começam o dia pensando em seu fim pelo simples fato de estarem desgostosas com a vida. Inúmeras adoecem por não visualizarem os resultados de suas ações. O indivíduo não vê o dinheiro entrar na conta corrente, não vê prosperidade e abundância em casa, não se sente reconhecido no trabalho, não tem qualquer perspectiva de melhora. É claro que fica difícil ter motivação.

Quando consegue quebrar esse ciclo terrível e fazer a roda girar, surge uma força interior jamais experimentada. Se antes a falta de atitude deixava aquela pessoa em estado inerte e, como consequência, sem resultados, alimentando cada vez mais o desânimo e a procrastinação, o seu novo eu a fará querer buscar mais e mais sucesso. Ela provará o lado doce da vida e não vai mais querer o amargo. E, sendo conhecedora desse novo caminho, seguirá querendo desbravá-lo.

SEJA HUMILDE, BUSQUE CONHECIMENTO

Alguém de atitude age independentemente das circunstâncias, decidindo que alcançará seu objetivo e usando da melhor maneira aquilo que tem à disposição. É como aquele personagem MacGyver. A série de TV homônima dos Estados Unidos, que fez sucesso nas

COMPROMETA-SE COM O AGORA

décadas de 1980 e 1990, mostrava um agente que resolvia os mais inimagináveis conflitos de modo fora do convencional. O sucesso se dava em função da sua criatividade somada aos seus conhecimentos, que lhe permitiam usar objetos simples para resolver questões complexas. É assim que devemos ser. Temos de saber usar as ferramentas à nossa disposição, por mais simples que sejam. Com boa vontade, elas serão o necessário para o primeiro passo.

Conhecimento está aí, no mundo! Basta buscá-lo. A internet é uma grande aliada nessa área. Inúmeras pessoas compartilham conhecimento na web em vídeos, blogs, e-books gratuitos etc. Tendo acesso à rede, qualquer um pode se tornar autodidata. Além disso, há os sebos e as bibliotecas públicas. Ninguém se lembra destas últimas! Organize um espaço na agenda para visitar uma e passar um tempo lendo e pesquisando. Simplesmente não há desculpas para não aprender algo novo.

Ainda falando sobre a web, ela oferece os chamados infoprodutos, que são produtos digitais. Você pode encontrar videoaulas sobre inúmeros temas, além de palestras e artigos. O fato é que informação está cada vez mais democrática e acessível. Não é à toa que estamos na era do conhecimento.

É claro que, quando você tem a oportunidade de contar com uma curadoria sobre determinado conteúdo, a assertividade na busca e o tempo poupado serão enormes. É por isso que há programas de mentoria. Eles facilitam sua vida, pois você paga por todo o conteúdo adquirido por aquela pessoa, porém nem todos têm a oportunidade de fazer esse investimento.

Procure quem domina o assunto de seu interesse, encontre seus gurus. Na sua jornada serão necessários vários. Se seu objetivo for, por exemplo, mudar de carreira, você terá uma série de temas para aprender: questões técnicas da carreira pretendida, habilidades de comunicação interpessoal para se inserir no meio que deseja, desenvolvimento de inteligência emocional, e por aí vai.

AO VER SUAS METAS SE MATERIALIZANDO, VOCÊ SE SENTIRÁ MAIS INCENTIVADO, E ISSO INICIARÁ UM CÍRCULO VIRTUOSO DE REALIZAÇÕES. É ESTAR FOCADO NO RESULTADO FINAL, MAS SABER APROVEITAR CADA PASSO DO DESENVOLVIMENTO.

Calce as "sandálias da humildade" e sente-se no banquinho de aprendiz. Reconheça que precisa de conhecimento para crescer e prosperar. Se pensar que não necessita da ajuda de ninguém, não adiantará ter atitude, pois, por mais que se impulsione rumo ao seu objetivo, em algum momento travará. Ninguém alcança o sucesso sem o auxílio de outras pessoas.

Imagine alguém que sonha em ser diretor de determinada empresa. Essa pessoa trabalha lá há anos, conhece todos os meandros do negócio e tem bom relacionamento com a liderança. Então, consegue o cargo tão almejado, mas existe um porém: é necessário ser fluente em inglês. No entanto, esse indivíduo sempre achou que seu pouco conhecimento de inglês já bastava, que era bobeira investir em um bom curso do idioma, que "se viraria" com o que tinha. Em uma reunião com investidores estrangeiros, não conseguiu se comunicar e, como resultado, pouco tempo depois foi demitido.

A pessoa pode ter carisma, talento, habilidades e força de vontade, mas, se não for humilde para reconhecer suas limitações e buscar aprender o que precisa, não terá sucesso.

ASSUMA A SUA PARTE NO PROCESSO! NÃO PROCRASTINE!

Estou aqui para guiá-lo, mas se você não tiver atitude, não há muito o que eu possa fazer por você. Certa vez, ouvi de um grande mentor meu uma frase que me impactou: "Eu posso fazer tudo por você, menos a sua parte". Pode parecer algo óbvio, porém, por incrível que pareça, muitos não fazem a parte deles.

Em geral, pessoas que fogem de responsabilidades e não desenvolvem iniciativa passaram por experiências negativas em sua infância e adolescência, tornando-se prisioneiras de crenças e padrões comportamentais também negativos. Isso impulsiona sua dependência emocional, fazendo sua mente associar o momento presente com experiências passadas. Como resultado, não se sentem confiantes. Muitas vezes, acreditam não serem merecedoras ou capazes de assumir um papel protagonista de suas trajetórias e de satisfazer as suas vontades. É muito frequente serem procrastinadoras.

A procrastinação pode estar ligada a problemas como ansiedade. Um estudo publicado na revista científica *Social and Personality Psychology Compass*[39] afirma que a procrastinação é resultado de uma falha na autorregulação e na regulação emocional. Resumindo, estando diante de uma tarefa que gera desconforto, tendemos a tentar resolver o desconforto, não a tarefa. Não é preguiça, seria apenas mais uma proteção do cérebro. Para não cair na procrastinação,[40] você deve se colocar prazos claros. Por exemplo: hoje, impreterivelmente, começarei a ler o livro X; amanhã começarei o curso Y. E não deixe isso de lado antes de terminar. Seja claro consigo e exija de si pontualidade. De preferência, ao fechar este livro, procure o curso que precisa fazer. Não espere. Tenha senso de urgência. Sua mudança é urgente, você é prioridade.

Uma estratégia excelente para não procrastinar é estipular um prazo. Defina ano, mês, dia e, se possível, até a hora em que começará e terminará uma atividade. Isso o faz se comprometer e encarar como um compromisso inadiável. Por exemplo: "No dia 22 de abril de 2023, às 8h, começarei a ler o livro sobre marketing e finanças que comprei e vou terminar a leitura em um mês. Amanhã, às 10h, vou me matricular no curso que preciso fazer". Escreva essas informações na sua agenda, afinal são passos importantes. E comprometa-se em seguir o proposto.

---

39 *Op. cit.*

40 PROCRASTINAÇÃO não é preguiça, é um problema emocional. *Instituto de Psiquiatria do Paraná (IPPr), s.d.* Disponível em: http://institutodepsiquiatriapr.com.br/blog/procrastinacao-nao-e-preguica-e-um-problema-emocional/. Acesso em: 18 jul. 2022.

Se deseja reforçar ainda mais o compromisso, torne-o público. Em geral, quando compartilhamos essas metas com alguém, costumamos nos dedicar mais a fim de ter uma boa performance. É algo que nos estimula a alcançar o objetivo e mostrar aos outros que conseguimos.

Se sua meta é abrir uma empresa, ou escrever um livro, comece já, usando os meios que estão ao seu alcance. Não espere ter todos os recursos para iniciar, tenha atitude! Pare de deixar para depois e de se autossabotar. Apenas comece, dê o *start* com aquilo que tem em mãos. Planeje-se e vá à luta!

Utilizar uma agenda em seu planejamento é algo que sempre ajuda. Nela, ao escrever suas metas e tarefas diárias, você organiza o seu dia e evita perda de tempo. Funciona como um lembrete e alivia seu cérebro – as anotações auxiliam o cérebro a relaxar e se dedicar a outras tarefas, como aprender novas habilidades. Ele não precisará gastar energia para ficar lembrando você de suas obrigações. Se não tem o hábito de usar uma agenda – de papel ou eletrônica –, crie-o. Tenha-a sempre à mão para quando precisar incluir novos compromissos e também para consultá-la ao longo do dia.

EXERCÍCIO PARA DESENVOLVER ATITUDE

Atitude e tomada de decisão são pontos que não podem ser delegados; ambos dependem da sua vontade de se livrar dos seus problemas. A diferença entre indivíduos bem-sucedidos e os malsucedidos são as atitudes. Para finalizar este capítulo, proponho um exercício sobre esse tema.

CORAGEM INABALÁVEL

ESCOLHA TRÊS PESSOAS QUE VOCÊ ADMIRA MUITO, COM QUEM TROCARIA DE IDENTIDADE SE PUDESSE:

Pessoa 1

Pessoa 2

Pessoa 3

DEFINA TRÊS COMPETÊNCIAS QUE CADA UMA TEM E QUE VOCÊ GOSTARIA DE TER TAMBÉM:

Competências da pessoa 1

Competências da pessoa 2

Competências da pessoa 3

ESCREVA O QUE ACREDITA QUE AJUDOU CADA UMA DELAS A DESENVOLVER AS COMPETÊNCIAS QUE VOCÊ LISTOU, USANDO ESTES TRÊS CRITÉRIOS: ATITUDE, HABILIDADE E CONHECIMENTO.

Pessoa 1

Pessoa 2

Pessoa 3

Esse exercício sintetiza tudo o que foi tratado neste capítulo. Agora que você sabe que para desenvolver as competências desejadas basta ter atitude, parta para a ação!

DEFINA ANO, MÊS, DIA E, SE POSSÍVEL, ATÉ A HORA EM QUE COMEÇARÁ E TERMINARÁ UMA ATIVIDADE. ISSO O FAZ SE COMPROMETER E ENCARAR COMO UM COMPROMISSO INADIÁVEL.

CAPÍTULO 8
Defina o seu propósito

Por muito tempo, eu me perguntei: por que algumas pessoas alcançam um nível de sucesso tão grande enquanto outras jamais saem da mediocridade? Existem aquelas com a vida dos sonhos: possuem grandes riquezas, constroem patrimônios expoentes, têm um corpo atlético, são felizes em suas carreiras, mantêm uma vida pessoal equilibrada, com um relacionamento incrível e uma linda família. O que as diferencia das demais? Muitos atribuem esse sucesso a questões espirituais ou místicas e tudo bem pensar assim, mas a resposta que encontrei para essa pergunta tem a ver com propósito de vida. Esses indivíduos souberam definir o seu.

Importante salientar que o conceito de sucesso é relativo. Nem todos sonham com um patrimônio milionário, muitos querem apenas ter uma casa própria e ver os filhos cursando uma universidade. Para mim, por exemplo, sucesso é estar plenamente feliz e realizado com a vida que tenho, olhar para minhas conquistas e me orgulhar delas.

A maior parte dos que vivem de maneira suscetível ao acaso, sem um propósito, sem estar alinhados aos seus princípios e valores, passa a vida patinando, sem sair do lugar. Não raro, eles ainda se afundam. Vejo que gente com esse perfil costuma deparar com dúvidas existenciais elementares, como não saber para onde ir e até mesmo não saber quem é. Por isso, pergunte a si mesmo: "Para onde desejo ir? Quais são as coisas realmente importantes para mim? O que farei em minha vida?".

Muitos usam a falta de conhecimento sobre si e seus objetivos como um instrumento para o vitimismo. Atribuem sua falta de resultados ao fato de não saberem o que querem. No entanto, propósito não é algo que nos é dado ao nascermos, é algo que criamos. Você precisará trabalhar sua mente de modo a se conhecer e a, com base nisso, construir um objetivo claro e congruente com seu perfil.

Portanto, esqueça aquela visão profética de que um dia vai acordar triste e amargurado com a vida que tem, mas, ao abrir a janela, virá uma luz do céu com anjos voando, tocando harpas junto a pombas brancas, e assim vai aparecer uma rocha como a tábua da Lei, na qual estarão escritos o seu propósito e a sua missão. Preciso mesmo dizer que isso nunca vai acontecer?

Neste capítulo, vou abordar alguns pontos que o ajudarão a desmistificar essa visão de propósito de uma vez por todas. Vamos lá?

PROPÓSITO É SERVIR

O nosso propósito de vida está ligado a uma única coisa: servir. Em qual ocupação profissional você deseja servir e ter uma retribuição financeira? Propósito é o que torna a sua existência importante para a sociedade, para o mundo e, principalmente, para você. E quando percebe que pode fazer a diferença, motiva-se cada vez mais. É quando descobre a sua contribuição para o mundo.

Pessoas bem-sucedidas aprenderam isso muito bem. Durante longos vinte anos, o célebre escritor estadunidense Napoleon Hill estudou a vida de mais de 16 mil pessoas. Ele foi assessor de ninguém menos do que Woodrow Wilson e Franklin Delano Roosevelt,

DEFINA O SEU PROPÓSITO

ex-presidentes dos Estados Unidos. Hill analisou tanto quem teve sucesso quanto aqueles que fracassaram.[41]

Autor de livros como *Quem pensa enriquece*[42] e *Mais esperto que o diabo*,[43] em suas obras revelou que 95% das pessoas estudadas não alcançaram performance satisfatória em suas carreiras. O que elas tinham em comum era o fato de não terem claro o que queriam da vida, ou seja, não definiram um propósito. Já entre a minúscula parcela de 5% dos que atingiram o sucesso, ele observou que não apenas haviam definido um propósito, como também sabiam exatamente aonde e como chegar.

Por que isso acontece? Por qual motivo um número tão grande de pessoas nunca realizará seus sonhos? Por que não decidem o que de fato querem da vida? Uma das respostas vem da formação padrão dada às crianças. Crescemos ouvindo de nossos pais que devemos estudar bastante para arrumar um bom emprego. Isso gera um filtro mental que molda nossa crença sobre nosso papel social: arrumar um emprego que pague as contas. Por isso, ao terminar os estudos, em vez de definir seu propósito de vida, a maioria corre atrás de uma ocupação qualquer. Assim, passa a vida vendendo sua hora de trabalho em troca de um salário, sem ter noção do que está buscando e de onde chegará com essa conduta.

Nesse modelo, você apenas está cooperando com a realização do propósito de outra pessoa e sendo pago por isso. Nunca realizará seus maiores sonhos e construirá uma vida abundante. Em suas inúmeras palestras, o historiador gaúcho Leandro Karnal costuma citar o conceito de modernidade líquida do filósofo judeu polonês Zygmunt Bauman. Ao falar sobre a ideia de liquidez que Bauman

---

[41] HILL, N.; CORNWELL, R. (org.) *Pense e enriqueça*. Rio de Janeiro, BestSeller, 2020; HILL, N.. *A lei do triunfo*. Rio de Janeiro: José Olympio, 2015.

[42] HILL, N. *Quem pensa enriquece!* São Paulo: Citadel, 2020.

[43] HILL, N. *Mais esperto que o diabo*: o mistério revelado da liberdade e do sucesso. São Paulo: Citadel, 2014.

desenvolveu e empregou em suas obras acerca da sociedade atual, Karnal traz como exemplo a sua avó, para quem o mundo era sólido.[44]

Segundo ele, para a geração de sua avó, existia uma opção de vida, um único modelo de família, uma forma de agir, um modo correto de se vestir. Era tudo "preto no branco", não havia dúvidas e questionamentos. Essa ideia de estudar e arranjar um emprego para o resto da vida faz parte do mundo sólido dos mais antigos.

Pessoas mais velhas também costumam ter um mapa das profissões que dão certo. Afirmam que você tem que passar em um concurso público, ser engenheiro, arquiteto, médico ou advogado. Esse mapa não se encaixa na realidade de muitos, foge da essência. Nossos pais e avós querem nos proteger, falam isso por amor, pois de fato acreditam que o mundo é algo exato e sólido – não líquido como o de hoje. Ainda têm a visão de que há profissões específicas que "dão" dinheiro, acreditando que a jornada precisa ser exata, com início, meio e fim.

Desconhecem a busca pelo propósito; não sabem que no mundo existe uma imensa área cinzenta, na qual estão dilemas e oportunidades. Profissões aparecem e desaparecem, muitas dessas novas carreiras surgem como fruto da busca pelo propósito. As referências deles são outras, de outros tempos. Eles se baseiam em quem tem a melhor casa e o melhor carro na família e dizem: "Meu irmão é advogado e 'se deu bem' na vida, então meu filho tem que ser bem-sucedido também". Inclusive, até alguns anos atrás, não se questionava sobre a felicidade do indivíduo. O sucesso era medido pela conta bancária, pela casa e pelo carro; a satisfação pessoal não entrava nessa equação. O resultado são muitas pessoas infelizes em sua profissão, mesmo sendo bem-remuneradas.

---

[44] LEANDRO Karnal fala sobre Zygmunt Bauman e o diálogo da segurança e do efêmero. 2018. Vídeo (1h46min). Publicado pelo canal Instituto PFL. Disponível em: https://www.youtube.com/watch?v=LVH8BZwABx0; BAUMAN: diálogo da segurança e do efêmero | Leandro Karnal. 2018. Vídeo (54min34s). Publicado pelo canal Café Filosófico CPFL. Disponível em: https://www.youtube.com/watch?v=LoxeltkRspY. Acessos em: 18 jul. 2022.

DEFINA O SEU PROPÓSITO

Precisamos subverter esse senso comum e ir além do predeterminado, pois o mundo está doente por causa disso.

A DOR DO MUNDO

Casos de depressão e de suicídio são alarmantes. O suicídio é uma das principais causas de morte em todo o mundo, de acordo com a Organização Mundial da Saúde (OMS). O relatório *Suicide Worldwide in 2019*, divulgado em junho de 2021,[45] revelou que mais pessoas morrem dessa maneira em todo o planeta do que em decorrência do HIV, câncer de mama, guerras e homicídios. Em 2019, mais de 700 mil indivíduos ao redor do mundo tiraram a própria vida.

Quanto à ansiedade, somos uma nação de ansiosos. A OMS colocou o Brasil como líder nesses casos.[46] Em relação à depressão, os brasileiros também estão em situação preocupante. A *Pesquisa Nacional de Saúde (PNS) 2019*,[47] do Instituto Brasileiro de Geografia e Estatística (IBGE), mostrou que houve crescimento dos casos da doença no país. Segundo o levantamento, 16,3 milhões de pessoas com mais de 18 anos foram diagnosticadas, um aumento de 34,2% de 2013 para 2019. Esse quadro evidencia que algo está errado em relação ao modo como levamos a vida. Nem as tecnologias e facilidades do mundo contemporâneo preenchem nosso vazio existencial.

---

[45] WORLD HEALTH ORGANIZATION. *Suicide Worldwide in 2019*, 16 jun. 2021. Disponível em: https://www.who.int/publications/i/item/9789240026643. Acesso em: 8 jun. 2022.

[46] YONESHIGUE, B. Brasil é o país com mais casos de ansiedade, segundo OMS; veja os 11 sintomas do transtorno. *O Globo*, 31 maio 2022. Disponível em: https://oglobo.globo.com/saude/medicina/noticia/2022/05/brasil-e-o-pais-com-mais-casos-de-ansiedade-segundo-oms-veja-os-11-sintomas-do-transtorno.ghtml. Acesso em: 18 jul. 2022.

[47] IBGE. *Pesquisa Nacional de Saúde 2019. Percepção do estado de saúde, estilos de vida, doenças crônicas e saúde bucal.* Disponível em: https://biblioteca.ibge.gov.br/visualizacao/livros/liv101764.pdf. Acesso em: 18 jul. 2022.

PROPÓSITO É O QUE TORNA A SUA EXISTÊNCIA IMPORTANTE PARA A SOCIEDADE, PARA O MUNDO E, PRINCIPALMENTE, PARA VOCÊ. E QUANDO PERCEBE QUE PODE FAZER A DIFERENÇA, MOTIVA-SE CADA VEZ MAIS.

DEFINA O SEU PROPÓSITO

Definir um propósito significa encontrar satisfação. De acordo com a Organização Internacional do Trabalho (OIT), o brasileiro trabalhou em 2014, em média, 1.711 horas. Entretanto, se levarmos em consideração a realidade de muitos, a verdade é que grande parte das pessoas trabalha mais. Pela lei, um trabalhador CLT não pode extrapolar 8 horas diárias de trabalho ou 44 horas semanais. Mediante acordos coletivos entre sindicatos e empregadores, o limite pode chegar a 56 horas semanais. Um trabalhador que cumpre jornada diária de 8 horas com uma folga semanal, se não tirar férias – o que é bem comum se olharmos profissionais que dependem de comissões, como vendedores –, terá trabalhado ao fim de um ano cerca de 2.300 horas. Basta multiplicar 8 por 6, que são os dias comerciais da semana, depois multiplicar esse resultado por 4 (o número de semanas de um mês) e, por fim, por 12 (a quantidade de meses do ano). Considerando que o ano tem 8.760 horas, pode-se afirmar que 2.300 horas representam uma parte significativa da vida, que se passa trabalhando. E sabemos da precarização das relações de trabalho, nem todos são contratados via CLT, há diversos trabalhadores informais, ou seja, 44 horas semanais de trabalho não condizem com a realidade de todos. Só de informais, em abril de 2022 o IBGE revelou que o Brasil tem 38,7 milhões de trabalhadores.

É por isso que é preciso nos sentirmos realizados com as nossas tarefas. Sem isso, jamais alcançaremos a felicidade plena.

Pessoas realmente realizadas entenderam que precisam ser úteis para as outras. O seu propósito é servir à família, à sua comunidade, ser útil para seu marido, para sua esposa, para seus filhos, para seus clientes, ou seja, sentir-se parte de algo maior. Isso vale para qualquer profissão. Pode ser um professor, um médico, um confeiteiro, o que for: o propósito é servir.

CUIDADO COM AS BARREIRAS

Se por um lado as redes sociais impulsionam carreiras e negócios, por outro, quando mal-usadas, prejudicam a saúde mental e a busca por um propósito. Um ponto prejudicial é a necessidade de comparação que provocam. Muitas pessoas acabam fazendo uso das redes sociais mais para olhar a vida dos outros, esquecendo-se de viver a própria vida. Uma pesquisa realizada em 2018 pelo Departamento de Psicologia da Universidade da Pensilvânia, nos Estados Unidos, revelou que o uso frequente das redes sociais gera aumento da solidão, ansiedade e depressão. Os resultados foram publicados no *Journal of Social and Clinical Psychology*. O Instagram seria um grande vilão, já que nele são exibidas inúmeras imagens que refletem uma vida nem sempre real.[48]

O paradoxal é que, muitas vezes, o alvo da comparação e da admiração também está infeliz. A grama do vizinho é sempre mais verde, mas ela pode ser artificial. Além disso, as redes sociais podem ser uma distração para os que ainda estão no seu caminho de descobertas.

As redes sociais, assim, acabam deslocando a realidade do usuário: a pessoa nunca quer estar onde de fato está, porém também não entende qual é o seu desejo verdadeiro, idealizando vontades que não são as suas. Por não entender seu lugar, imagina-se vivendo da mesma maneira que as demais pessoas nas redes sociais, pois fica comparando a vida delas à sua. Assim, passa a ser influenciada por modismos e não age de acordo com seus verdadeiros princípios e valores, com sua essência. Posta a foto na praia porque chegou o verão e todos fizeram o mesmo, apesar de ela nem gostar tanto assim de praia. Ou, ainda, faz trabalho voluntário mais para se promover e publicar nas redes sociais do que pelo prazer de

---

[48] HUNT, Melissa G. *et al.* No More FOMO: Limiting Social Media Decreases Loneliness and Depression. *Journal of Social and Clinical Psychology*, v. 37, 2018. Disponível em: https://guilfordjournals.com/doi/10.1521/jscp.2018.37.10.751. Acesso em: 18 jul. 2022.

DEFINA O SEU PROPÓSITO

ajudar. Não consegue entender quem ela é e de qual modo pode servir e se realizar.

São indivíduos que não vivem, apenas existem e ocupam seu tempo das maneiras mais frívolas. Você acredita mesmo que Deus o criou para ser um ser vazio? Se não crê em Deus, acha que estamos aqui para nos compararmos aos outros, sem rumo, nos vitimizando, batendo cartão em um emprego que serve apenas para pagar as contas, desperdiçando horas "maratonando" séries, passando o dedo na tela do celular para atualizar o *feed*, preocupando-nos com filtros no Instagram, fazendo vídeos de dancinhas, nos envolvendo em problemas e fofocas de amigos ou da família? Você acha que um cotidiano assim lhe trará alguma satisfação e realização?

As pessoas sem clareza de propósito se empenham cada vez mais em servir menos. Querem ser pouco úteis. São aqueles colegas de trabalho acomodados, que procuram cumprir apenas o básico, não se empenham, não buscam excelência. Se não bastasse, ainda reclamam do chefe, do colega, do subordinado, da função que exercem, do salário, da distância do escritório, do ônibus sempre lotado – mas não fazem nada para mudar sua situação.

Veja bem: refiro-me aos acomodados, não aos iniciantes no mercado de trabalho. Sei que muitas vezes precisamos passar por empregos insatisfatórios para alcançarmos os nossos objetivos, mas tais empregos devem ser encarados somente como uma fase. Até Silvio Santos, dono do SBT, viveu isso quando foi camelô – aquilo foi uma fase. Se você hoje está em um emprego insatisfatório que faz parte do caminho para seus planos, faça o seu melhor, preencha a sua alma e não dê espaço para vazios emocionais. Dentro do que puder, seja útil. Se trabalha como garçonete para pagar seus estudos, esse emprego a levará ao seu objetivo maior, então seja a melhor garçonete que consegue ser. Arranque sorrisos e elogios dos clientes, torne a refeição deles incrível, mesmo se o restaurante for bastante modesto. Desse modo, agregará valor à vida das pessoas.

O meu propósito neste momento é escrever este livro. Quero gerar valor na sua vida e na de todos que lerem esta obra, ser um veículo de transformação. Eu não vou mudar a vida de ninguém, não sou eu sozinho quem faz isso; apenas fornecerei as ferramentas, apontarei direções, promoverei clareza, exemplos e reflexões para que você mesmo alcance seus objetivos.

Portanto, tenha clareza do seu propósito de serviço e de ser útil às pessoas por meio de sua profissão ou emprego e não perca tempo se comparando aos outros. Cada um trilha o próprio caminho, tem os próprios sofrimentos, alegrias, erros e acertos. Você é apenas um espectador externo, sem saber a dimensão das lutas internas de cada um. Ao ver indivíduos com a vida aparentemente perfeita, você se diminui e perde o foco. Criando ideais baseado nas aparências, deixa de valorizar a si mesmo e quem está ao seu redor. Mais do que isso, começa a achar que há gente que vale mais, que quem serve seu café na padaria tem menos valor que o *influencer* digital que você segue, acredita que o executivo de veículo importado é mais importante do que o frentista que abastece o carro dele no posto de gasolina. Ambos estão servindo alguém, cada um com suas habilidades e competências.

ENTENDA OS SINAIS

Para exercer seu propósito com assertividade, é preciso entender os sinais que a vida dá. Assim, não defina o seu propósito de acordo com a ocupação profissional que vê outros exercendo, com o que julga ter mais status. Por comparação, você acaba criando rótulos que o levam a fazer algo que não deseja, apenas por lhe parecer mais interessante.

É preciso que você ouça aquilo que grita dentro de si, isto é, escute a sua voz interior, ouça a si mesmo e sinta o que é bom para você. O mundo de hoje é tão barulhento, ouvimos tantas vozes ao

DEFINA O SEU PROPÓSITO

nosso redor que começamos a acreditar que o que é bom para nós é o que nos dizem, não o que realmente sentimos. Um exemplo é cursar uma faculdade que os pais disseram ser boa. É aquela pessoa que sonha ser atriz, mas foi obrigada pelos pais a se formar em Direito por ser uma profissão "de verdade". O propósito dela é estar nos palcos, entretendo, gerando emoções no público, e não passar o dia atrás de um computador lidando com processos. Quantos diplomas vemos pendurados na parede apenas para agradar aos outros?

No meu caso foi assim também. Meu pai não me falou diretamente para seguir seus passos na vida do crime. No entanto, seu exemplo gerou em mim esse modelo mental. Eu achava que havia nascido igual a ele, pensava que o crime estava em meu sangue, e até dizia com orgulho: "Filho de peixe, peixinho é". Convivi com esse rótulo por mais de vinte anos, sufocado, buscando fugas para preencher um vazio que eu mesmo criei dentro de mim. Acontece que o crime não estava alinhado à minha essência; a voz dentro de mim não gritava por isso.

Você precisa identificar aquilo que deseja fazer profissionalmente, que não causa incômodo; ao contrário, que gera satisfação. Se não o fizer, acabará infeliz. Não se permita acomodar em um trabalho que não tem nada a ver com você, com o seu propósito. Preste atenção ao que que lateja aí dentro de si e faz seu coração bater mais forte. Não se consegue prosperidade financeira e crescimento pessoal se não ouvir a sua voz interna.

O resultado é ser uma espécie de farsante, trabalhando apenas para pagar contas ou preencher uma imagem profissional que não é sua. Você se torna um impostor vivendo em uma realidade paralela e falsa para si mesmo. Pode ser um CEO de uma grande empresa, mas quando passa de carro importado e vê artistas de rua exercendo o seu talento, sente inveja, pois aquelas pessoas, por mais que não tenham suas conquistas financeiras, são felizes e vivem do que amam, enquanto você não seguiu sua essência. Escutar a sua voz e servir aos outros são atitudes ligadas ao seu propósito.

TENHA CLAREZA DO SEU PROPÓSITO DE SERVIÇO E DE SER ÚTIL ÀS PESSOAS POR MEIO DE SUA PROFISSÃO OU EMPREGO E NÃO PERCA TEMPO SE COMPARANDO AOS OUTROS.

FIEL AO SEU PROPÓSITO

Para viver de seu propósito, precisa ser bom no que faz. Não adianta querer servir e ajudar as pessoas sendo ruim naquela atividade, pois ninguém pagará por seu produto ou serviço. Por isso, você precisa se preparar, ir para ação, treinar incansavelmente, saber impulsionar o seu talento para poder servir os outros com excelência e, assim, obter crescimento profissional e financeiro.

É imprescindível se manter fiel ao seu propósito, firme com sua escolha. Mesmo se estiver em uma fase na qual ainda não esteja vendo retorno, continue leal à sua voz interior. Se cair, levante, arrume-se, conserte os erros, mude a estratégia, continue. Tenha coragem e perseverança!

Não aceite a mediocridade. Faça da sua vida uma verdadeira obra de arte, assim como artistas que passam anos construindo uma obra que será reconhecida por séculos e séculos. Cuide da sua vida como o seu bem mais precioso, arquitete como deseja todas as áreas – isso será um grande e valioso passo. Não precisa ser o melhor pai ou mãe, nem o melhor funcionário ou empresário. Basta ser alguém determinado a fazer tudo com afinco. Se der o seu melhor, esteja certo de que será o bastante. Servindo ao próximo de acordo com a sua essência, sendo gestor do seu próprio tempo, o CEO da sua vida, mantendo o foco, você vai crescer e prosperar.

Pessoas que se mantêm fiéis ao seu propósito produzem mais dinheiro e são mais realizadas pessoal e profissionalmente. Sei disso porque vejo muitos nomes de sucesso afirmando como é importante ter um propósito de vida. Um exemplo é Thiago Nigro, fundador da Rico Investimentos e do canal no YouTube O Primo Rico. Segundo Nigro,[49] quando uma pessoa que tem um propósito definido disputa algo com alguém que ainda não encontrou o

---

[49] SOBRE PROPÓSITO DE VIDA | Thiago Nigro (Primo Rico). 2021. Vídeo (8min55seg). Publicado pelo canal Valor em Foco. Disponível em: https://youtu.be/Szfx60dgdD8. Acesso em: 18 jul. 2022.

seu caminho e definiu seus objetivos, a briga se torna desleal. Pois quando se tem um propósito, o indivíduo torna-se mais focado e obstinado. Eu senti isso: quando defini o meu, meus olhos estavam focados nele vinte e quatro horas por dia. Eu não me desviava dele e não sosseguei enquanto não o alcancei. Senti que minha vida ganhou mais sentido e fiquei mais motivado.

Ser fiel ao propósito não tem a ver com trabalhar mais horas por dia, tem relação com canalizar toda sua atenção a ele, gerindo o seu tempo para as suas prioridades. Agindo assim, por exemplo, você consegue focar em sua alimentação e atividade física, e construirá aquele corpo que deseja, que o faz feliz, melhorando sua autoestima, saúde e seu bem-estar. Terá mais energia para poder brincar com seus filhos, se divertir com seu cônjuge, acordará de bom-humor, trabalhar melhor, tracionar a sua empresa, ou seja, desenvolver um círculo virtuoso.

O MEU PROPÓSITO

Como você já sabe, iniciei a minha jornada profissional após sair da vida do crime. Primeiro abri uma empresa de caminhões frigoríficos, setor no qual passei cinco anos. Foi um amigo que me indicou a área. Lembro-me bem de suas palavras: "Foque no ramo de transportes terrestres, isso movimenta o Brasil. Tenho certeza de que você não ficará sem trabalho". Segui o conselho.

Estudei a respeito do mercado, desenvolvi habilidades e competências necessárias para conduzir e montar a empresa, vendi a casa que meus pais me deixaram e dei o *start*. Acreditei em meu objetivo e tinha certeza de que conseguiria me destacar. Confesso que, mesmo sendo muito focado e otimista, me surpreendi com o tamanho do sucesso alcançado. Hoje, quando olho para trás, vejo que foi um extenso processo.

DEFINA O SEU PROPÓSITO

Após anos no mercado de transporte frigorífico, chegou um momento em que comecei a me sentir infeliz em relação à minha ocupação profissional. Eu fechava os olhos e não me via no setor dali a dez ou vinte anos. Eu não levantava mais da cama todos os dias com o coração palpitando e os olhos brilhando, com vontade de dar o meu melhor em minha empresa; havia estagnado, o meu trabalho estava incongruente comigo. Foi quando percebi que precisava construir o meu propósito de vida.

Abri aquele negócio apenas para ganhar dinheiro, pois queria ficar rico e precisava me manter, construir minha vida. E consegui isso. No entanto, o **ter** dinheiro já não fazia mais sentido para mim; eu precisava do **ser**. Dinheiro é muito bom, importante, traz conforto, facilidades, mas ele, por si só, não satisfaz. Há vazios que não consegue preencher, e é aí que entra o propósito de vida.

Precisei ter coragem e visão na hora certa para entender que havia chegado o momento de parar. Calcei as "sandálias da humildade" e entendi que os conhecimentos, as habilidades e competências que eu tinha me trouxeram até ali, mas, se eu quisesse chegar mais longe seguindo outra profissão, precisaria adquirir novos conhecimentos e desenvolver habilidades diferentes. Foi quando me abri mais uma vez ao crescimento pessoal e profissional, mergulhando em cursos, treinamentos, mentorias, formações e imersões. Eu me especializei em diversas áreas como finanças, empreendedorismo, gestão, marketing digital, até conhecer o desenvolvimento pessoal. Esse foi o instante em que meu coração disparou. Encantei-me por essa área e percebi que deveria investir nela.

Realizei formação em coach pelo Instituto Brasileiro de Coach (IBC), Programação Neurolinguística (PNL) e inteligência emocional pelo Instituto Lyouman, Hipnoterapia pela OMNI, analista de perfil comportamental, entre outras. Conectei-me muito com a missão de um hipnoterapeuta, abri um consultório e passei a atender clientes um a um. Em poucos meses, obtive muitos resultados, gerando valor na vida das pessoas, sendo útil para elas e recebendo ótimo retorno financeiro. Foi então que decidi que seria isso que eu faria pelo resto da vida. Entendi que essa é minha paixão.

Aos poucos, me aperfeiçoei, treinando cada vez mais, e continuei buscando mais formações na área. Então, notei que poderia levar isso para um número ainda maior de pessoas; assim, me tornei um treinador comportamental, oferecendo treinamentos de inteligência emocional. Quando me senti estabelecido em meu novo caminho, vendi a transportadora e, em 2020, abri minha segunda empresa, o Instituto Bianchini e Treinamentos.

Passei a dar palestras pelo Brasil todo, fui coautor de alguns livros e iniciei minha jornada como mentor e treinador. Ouvi a voz que estava gritando dentro de mim e criei o meu propósito, e hoje sou muito feliz.

Defina qual será o seu propósito, crie-o, desenvolva habilidades e competências se preciso, mas passe a vida toda sem uma direção profissional que não incentive o crescimento.

Você tem controle sobre o que acontece com a sua vida, e mudá-la cabe somente a você. Exercite seu poder de decisão, assuma riscos, reconheça seus erros e descubra o seu verdadeiro eu. Libere a essência sufocada aí dentro e abandone os rótulos negativos que colocaram em sua mente. Não tenha medo de cair, pois sempre é possível se reerguer. Vença esses temores que limitam seu crescimento. Apenas assim conseguirá enfrentar o mundo e vencer!

Agora vamos fazer um exercício que vai te ajudar a definir o seu propósito.

DEFINA O SEU PROPÓSITO

COMO VOCÊ PODERIA SERVIR ÀS PESSOAS, RESOLVENDO UM PROBLEMA, UMA DOR OU TRAZENDO UMA SOLUÇÃO PARA ELAS, E SER REMUNERADO FINANCEIRAMENTE POR ISSO?

DE ACORDO COM A RESPOSTA ANTERIOR, VOCÊ TEM CURIOSIDADE EM CADA VEZ MAIS APRENDER SOBRE ISSO E SE APERFEIÇOAR?

CORAGEM INABALÁVEL

VOCÊ SE SENTIRIA REALIZADO EM SERVIR ÀS PESSOAS FAZENDO ISSO?

VOCÊ TEM PAIXÃO PELO QUE REALIZA?

DEFINA O SEU PROPÓSITO

FARIA ISSO A VIDA TODA SE FOSSE PRECISO?

ISSO ESTÁ ALINHADO AOS VALORES QUE GUIAM SEUS PENSAMENTOS, COM-
PORTAMENTOS E AÇÕES?

CORAGEM INABALÁVEL

É POR ESSE POSICIONAMENTO PROFISSIONAL QUE DESEJA SER LEMBRADO QUANDO MORRER?

DINHEIRO É MUITO BOM, IMPORTANTE, TRAZ CONFORTO, FACILIDADES, MAS ELE, POR SI SÓ, NÃO SATISFAZ. HÁ VAZIOS QUE NÃO CONSEGUE PREENCHER, E É AÍ QUE ENTRA O PROPÓSITO DE VIDA.

CAPÍTULO 9
A construção de estratégias

É preciso definir estratégias para atingir suas metas. Não ter estratégia é como viajar em um carro sem GPS. Você pode até chegar ao destino final, mas o caminho será tortuoso, muito mais longo e repleto de desvios e de dificuldades.

Imagine que viajará a um lugar que nunca visitou. Como você se prepara? Procura o endereço no Google Maps, conversa com aqueles que já foram para esse destino, pesquisa na internet sobre o local e os arredores? Antes da web, era comum as pessoas olharem as páginas amarelas do guia telefônico e conversarem com taxistas e outros motoristas para obterem dicas sobre os melhores caminhos. Bem, você fará a mesma coisa com a sua mudança.

Neste capítulo, vamos tratar da maneira de execução. As etapas anteriores, em especial a definição do seu propósito, nos trouxeram até aqui. Isso exigirá organização. Se sua rotina é bagunçada, sem horários definidos, ela precisa mudar. Todos nós temos as mesmas vinte e quatro horas em um dia, uns conseguem realizar mais atividades em sua rotina, outros menos. Sabe qual é a diferença? Organização, planejamento, estratégias bem definidas e uma boa gestão de tempo.

CORAGEM INABALÁVEL

ORGANIZE O SEU DIA

O primeiro passo é organizar o seu dia e entender como você funciona dentro das suas vinte e quatro horas, para então seguir na prática sua rotina. Ela deve levar em consideração os seus horários de trabalho e o seu relógio biológico, pois há pessoas mais noturnas, outras diurnas, e demais peculiaridades. A cronobiologia explica isso, mostrando que cada indivíduo tem suas peculiaridades, como padrões cerebrais e produção de hormônios. Devido a inúmeros fatores relacionados às particularidades de cada organismo, há os que rendem mais durante o dia e aqueles que preferem a noite.[50] As suas obrigações e horários são muito pessoais, mas o ponto é que devem estar estruturados.

Nosso dia possui algumas separações. Você tem uma janela de tempo nele: o período ativo. São as horas desde o despertar até o momento de dormir. Dentro dessa janela, existem o tempo produtivo e o tempo ocioso. Cada período ativo é separado pelo tempo de sono. Aqui está um ponto importante. Você deve descobrir de quanto sono precisa para ter uma boa performance no seu dia.

Estudos mostram que, em geral, necessitamos de, pelo menos, oito horas de sono por dia, mas há aqueles que sugerem o período de sete a nove horas como o ideal para um adulto dormir, em média. Um estudo da Universidade de Fudan, na China, publicado no periódico científico *Nature*,[51] sugere que dormir regularmente mais ou menos horas que essa média pode acarretar problemas cognitivos.

---

[50] SOARES, F. A cronobiologia e os ritmos do ser humano. *Biblioteca Virtual de Enfermagem*, 25 abr. 2017. Disponível em: http://biblioteca.cofen.gov.br/a-cronobiologia-e-os-ritmos-do-ser-humano/. Acesso em: 18 jul. 2022.

[51] LI, Y. *et al*. The Brain Structure and Genetic Mechanisms Underlying the Nonlinear Association Between Sleep Duration, Cognition and Mental Health. *Nature Aging*, v. 2, 2022, p. 425-437. Disponível em: https://www.nature.com/articles/s43587-022-00210-2.epdf?sharing_token=MxfMpDDK2bJquE9vggEZqNRgN0jAjWel9jnR3ZoTv0Mx5RmhIIW-FEdVEDJW44TALgwqTLP3C9b_G1c0L9XgxRL4UEt-bI6FSmnFsfhqkmJzkmo5XQ1u-CeHx6ZvHaIJHSWnZa4esfm_0vVd5vr56g60CbZErcTuiayPCRPaccfTYDzRehgW3bN74O. Acesso em: 18 jul. 2022.

A CONSTRUÇÃO DE ESTRATÉGIAS

Cada indivíduo, porém, tem o próprio relógio biológico e um organismo com diferentes necessidades. Teste para saber qual é o seu tempo ideal de sono a partir do método que apliquei para descobrir meu próprio tempo: Se você dorme às 23 horas, coloque o relógio para despertar cinco horas depois e, a cada dia, aumente trinta minutos, até chegar a um número ideal de horas de sono para você. Eu fiz esse teste e identifiquei que o meu período ideal é de sete horas. Então, se eu dormir menos, minha produtividade cairá; porém, se eu passar mais de sete horas dormindo, já começo a sentir dores nas costas e fico com preguiça o dia todo.

Depois de definido o seu período de descanso, você sabe quanto sobra no seu tempo ativo. Continuando com o exemplo que acabei de dar, dormindo às 23 horas e durante sete horas, você teria que acordar às 6 horas da manhã. Sendo assim, você tem uma janela de tempo ativo de dezessete horas diárias.

Com base nisso, precisa identificar o quanto dessas dezessete horas são produtivas e o quanto são ociosas. Fazendo esse cálculo, você começa a dar sentido ao seu dia e a identificar quanto está sendo produtivo e quanto está sendo ocioso. É nesse momento que consegue identificar quais são os seus sabotadores. Essa será a chave para seu rendimento, pois são eles que acabam com o seu tempo produtivo. É o que vamos estudar a seguir.

IDENTIFICANDO OS SABOTADORES DO SEU TEMPO

Quando você descobre quais são os seus sabotadores e quanto tempo estão ocupando do seu período produtivo, toma a consciência de que, se eliminá-los, produzirá muito mais. A seguir, relacionei e falei um pouco sobre os sabotadores mais comuns. Preste atenção à lista e verifique quantos deles reconhece em sua rotina. Vá anotando e fazendo a sua própria lista.

Redes sociais

A menos que você trabalhe com elas, as redes sociais são uma grande perda de tempo. Ficar apenas passando o dedo na tela do celular, olhando qualquer coisa, rouba um tempo significativo da sua vida. Você pula de uma rede para outra e passa horas vendo o dia a dia dos outros e as fofocas de famosos, vídeos de dancinhas e memes. Se colocar no papel esse tempo, você se assustará com a quantidade de horas que perde em uma semana com algo que não acrescenta em nada. Tempo que poderia ser empregado em algo que lhe daria algum retorno. Se faz muita questão de acessá-las diariamente, separe de maneira regrada um tempo do seu dia. Por exemplo, fique nelas por quinze minutos após o almoço, como modo de relaxar. Não mais do que isso. Além do tempo perdido, há diversos estudos que relacionam longos períodos de uso de redes sociais à elevação da ansiedade e da depressão.[52] Desintoxique-se!

Séries

Você decide assistir a um episódio apenas, mas acaba passando horas em frente à televisão. É muito difícil parar em um episódio só; aliás, eles são pensados para ser assim, de modo a prender o público. O problema é que, se não tiver controle, "maratonará" uma série atrás da outra. Quando percebe, já é de madrugada, ou seu fim de semana acabou e você não fez nada além de ver séries. Sou contra séries? Não! Eu sou contra excesso e ações desregradas. É uma delícia comer uma pipoca acompanhada de um bom vinho e ficar embaixo das cobertas assistindo a uma série, mas faça isso de maneira organizada, tenha os momentos próprios para esse lazer. Separe dias e horários para curtir a sua série favorita. Isso significa que haverá vezes em que poderá ver apenas um episódio. Se quiser, dê para si de presente um fim de semana apenas para "maratonar" aquela

---

52 AALBERS, G. *et al*. Social Media and Depression Symptoms: A Network Perspective. *J Exp Psychol Gen*, ago. 2019, p. 1454-1462. Disponível em: https://pubmed.ncbi.nlm.nih.gov/30507215/. Acesso em: 18 jul. 2022.

A CONSTRUÇÃO DE ESTRATÉGIAS

que você ama, mas faça de maneira consciente: "Ok, trabalhei muito bem nesta semana, bati minhas metas, minha empresa teve um crescimento de 20% esse mês. Vou me dar de presente um domingo preguiçoso em frente à TV". Evite fazer isso durante a semana!

Notificações no celular

Notificações no celular são como alguém o cutucando a todo momento, tirando sua concentração e seu foco com bobagens. Imagine que você está trabalhando e, a cada dez minutos, uma pessoa se aproxima para contar algo aleatório e sem importância. "Oi, viu que a fulana terminou o namoro com o fulano?", "Viu que se comprar três cervejas no supermercado X, a quarta sai de graça?", "Viu que o banco Y está oferecendo financiamento imobiliário com juros reduzidos?" Imagine isso toda hora. Você se irritaria, diria que não perguntou, que não quer saber. Pois bem, seu celular faz isso com você. Tenha o controle sobre seu celular, não o contrário. O ideal é olhar para ele quando precisar, não porque o está "chamando". Desabilite todas as notificações, deixe apenas as que realmente importam, como lembretes da sua agenda.

Joguinhos

Aqueles joguinhos viciantes do seu celular são um perigo. Você começa jogando trinta minutos, mas, quando se dá conta, se passaram quase duas horas. Mais do que isso, às vezes você nem percebe que está abrindo o aplicativo para jogar mais um pouquinho. Esse é um sabotador clássico e que de fato não agrega nada! As séries, por exemplo, ainda podem acrescentar em termos culturais e de conhecimentos gerais, com tramas elaboradas, muitas baseadas em histórias reais. Já esses joguinhos apenas queimam horas. Há diversas maneiras de se distrair e relaxar. Aliás, para relaxar, o ideal é justamente fugir das telas. Existe já, inclusive, uma doença da contemporaneidade: a nomofobia, que é o medo exagerado de ficar longe do celular. As pessoas têm desenvolvido um misto e medo e ansiedade por ficarem longe do aparelho. Veja a que ponto chegamos, pois nenhum vício pode ser considerado saudável.[53] Leia um bom livro, faça uma caminhada ao ar livre, medite. Há muitas opções melhores que os famigerados joguinhos.

Amizades tóxicas

Sabe aquelas pessoas que só trazem problemas, que procuram você apenas para reclamar da vida, fazer fofoca, que abusam da sua boa vontade, que fazem comentários maldosos sobre sua roupa, sua aparência, seu relacionamento? São as amizades tóxicas. Se disfarçam de amigos, ou assim você os considera, mas sua presença não agrega valor para sua vida.

Não é porque cresceram juntos, porque se divertiram muito em certo período de sua vida ou se encontram diariamente no trabalho que você precisa ficar alimentando essa relação. Gente assim apenas suga sua energia e seu tempo. Não colabora com seu desenvolvimento pessoal e profissional; muitas vezes, inclusive, sabota seus planos. É quem lhe dirá que não dará certo, que aquilo não é para você. Afaste-se desse tipo de pessoa.

Mas cuidado: preste atenção também se não é você a amizade tóxica de alguém. Se você é tóxico para o outro, trate de mudar sua postura para não perder pessoas especiais das suas relações.[54] Segundo a psicologia, pessoas tóxicas apresentam comportamentos negativos para aqueles com os quais convivem, como críticas em excesso e palavras de desestímulo; ou seja, "jogam todo mundo para baixo". Observe-se: você ajuda as pessoas a se erguerem ou as deixa mais negativas?

---

[53] BARROS, D. M. de. O que é nomofobia, novo transtorno ligado ao uso exagerado do celular. *Veja*, 8 abr. 2022. Disponível em: https://veja.abril.com.br/comportamento/o-que-e-a-nomofobia-novo-transtorno-ligado-ao-uso-exagerado-do-celular/amp/. Acesso em: 18 jul. 2022.

[54] 5 SINAIS de que você é uma pessoa tóxica. *MundoPsicólogos*, 27 set. 2018. Disponível em: https://br.mundopsicologos.com/artigos/5-sinais-de-que-voce-e-uma-pessoa-toxica. Acesso em: 18 jul. 2022.

A CONSTRUÇÃO DE ESTRATÉGIAS

Família

É muito provável que você tenha se surpreendido com este tópico e esteja se perguntando: "Marcelo, como assim? Família é um sabotador?". Calma, vou explicar. Existe aquela velha máxima de que família a gente não escolhe. É verdade, eu sei bem disso. Você não escolhe seus pais, irmãos, tios, primos, cunhados e filhos. Tenho amigos que escondem dos próprios pais quanto faturam, com medo da reprovação da família ou que fiquem pedindo dinheiro. Triste, mas é mais comum do que imaginamos.

Nelson Rodrigues abordou[55] muito as questões familiares de maneira crua e ferina, tanto que sofreu censura na época da ditadura no Brasil. Apesar de parecerem duras as histórias desse escritor, elas são mais próximas do real do que imaginamos. Há muitas famílias "rodriguianas" por aí, envoltas em traições, ciúmes e diversos outros conflitos, com questões insólitas, problemas de relacionamento, de aceitação, brigas. Não são apenas nas novelas e na literatura que vemos familiares sentindo tudo um pelo outro, menos amor.

Acontece que, como sabemos, família feliz apenas existe em comerciais de margarina. Mesmo nos desenhos infantis as disputas familiares são abordadas, como em *O rei leão*, da Disney. Nessa animação, Simba foge após seu tio Scar matar o irmão, Mufasa, pai de Simba e rei. Scar assumiu o reino que seria direito de Simba. O pequeno leãozinho encontra conforto com Timão e Pumba, os amigos que conhece. Temos aí um primeiro retrato da vida, os amigos, que escolhemos e que são, muitas vezes, melhores que os nossos parentes. Todavia, chega um momento em que Simba sente que precisa assumir o trono. Seus amigos, no entanto, querem que ele continue na companhia deles, que sigam comendo insetos e se divertindo, pois estão

---

[55] Um exemplo é a peça *Álbum de família* (1945), que trata de uma família aparentemente "perfeita", ou seja, todos pareciam se enquadrar nos padrões sociais impostos pela sociedade da época. Porém, na intimidade, a família era repleta de perversões, como o marido que traia a esposa com a própria cunhada; e a filha, que tinha um relacionamento amoroso com uma colega de escola, algo reprovável naquela época. Também pose-se citar outros componentes comuns à obra de Nelson Rodrigues, como a inveja e o ódio.

felizes e assim pretendem permanecer. Surge outra questão, relacionada às amizades e aos parentes: mesmo Timão e Pumba querendo o bem de Simba, não o estão ajudando. O bem que eles querem para seu amigo não é o melhor para ele. Simba poderia optar por escutá-los e permanecer na zona de conforto, mas não o fez e se tornou rei.

Muitas vezes, mesmo pessoas queridas, em seu instinto de proteção, nos prejudicam. Por exemplo, se sua mãe é uma pessoa com valores de segurança, preferindo um trabalho que ofereça um salário fixo, e não a incerteza de um pró-labore tendo sua própria empresa, ela não seria de acordo com você pedir demissão de um emprego de anos com registro em carteira para abrir uma empresa e empreender. Mesmo ela sendo contra isso, não quer dizer que queira o seu mal; pelo contrário, deseja o seu bem, mas se para você crescer profissionalmente significa abrir uma empresa e empreender, suas opiniões acabam sendo opostas uma da outra. Devemos enfrentar (em um bom sentido) pessoas que nos amam e querem o nosso bem.

ELIMINE OS SABOTADORES

Após identificar os principais sabotadores do seu cotidiano, reflita sobre o seu círculo de contatos e a influência que ele exerce sobre você. Talvez precise se afastar de alguém. Claro que há laços que não se pode romper, mas crie filtros para as influências negativas que recebe. Comece a pensar no que lhe dizem e analise se aquilo tem algum fundamento. Se, como vimos no exemplo anterior, sua mãe é a antagonista da história e de algum modo está impedindo seu avanço, você terá que pensar maneiras de diminuir a influência dela sobre si. Tudo o que ela faz por você é por amor, mas, infelizmente, nem tudo contribuirá para seu crescimento pessoal ou profissional.

A eliminação de sabotadores deve ser gradual. Não precisa ser de uma hora para outra; é preciso ter paciência no processo e

QUANDO VOCÊ DESCOBRE QUAIS SÃO OS SEUS SABOTADORES E QUANTO TEMPO ESTÃO OCUPANDO DO SEU PERÍODO PRODUTIVO, TOMA A CONSCIÊNCIA DE QUE, SE ELIMINÁ-LOS, PRODUZIRÁ MUITO MAIS.

reconhecer seus limites. Para algumas pessoas, será muito mais difícil eliminar tais sabotadores do que para outras. Você vai se ver livre de uma carga desnecessária e perceber que sobrará mais tempo para o que de fato interessa. Saiba que nunca deixaremos de procrastinar, afinal, como já foi dito, nosso cérebro está condicionado a economizar energia. Não significa, porém, que não podemos diminuir bastante esse hábito.

MAIS UMA JANELA

O tempo ocioso também é uma janela de tempo que temos. É aquela parte do dia na qual nos dedicamos a não produzir, seja consciente, seja inconscientemente. Sabe aquela hora que não adianta querer fazer algo complexo ou importante, pois você não conseguirá? É o momento de dar uma pausa, descansar, talvez tirar um cochilo, meditar, caminhar ao ar livre e não pensar em nada, apenas contemplar o céu e a natureza. Mesmo esse espaço na sua rotina deve fazer sentido, pois você precisa saber o que lhe faz bem, o que o ajuda a recarregar suas baterias. Não significa ser produtivo o dia todo, mas, sim, ser produtivo todos os dias no momento certo. Todos nós precisamos de descanso verdadeiro ao longo do dia, após o qual estamos aptos a voltar com força total para as nossas obrigações.

O descanso precisa ser físico e mental, sendo mais mental do que físico. Isso significa realmente ficar um período sem pensar em trabalho ou demais obrigações. O psiquiatra Fernando Sarráis, professor da Universidade de Navarra, na Espanha, afirma em seu livro *Aprender a descansar*[56] que parar é um dever. Parar com as atividades físicas e mentais por um período deve ser levado a sério. Precisamos nos dedicar à família, aos amigos, ao lazer e a atividades em meio à natureza. O motivo é que isso é uma questão de saúde. É importante

---

[56] SARRÁIS, F. *Aprender a descansar*. São Paulo: Quadrante, 2015.

A CONSTRUÇÃO DE ESTRATÉGIAS

citar que durante esse tempo de "higiene" é fundamental estarmos desconectados também das redes sociais.

Ainda falando em Espanha, coincidência ou não, é um dos países que têm estudado adotar uma semana de quatro dias úteis com três de descanso.[57] Os governos estão de olho na saúde mental da população e percebendo que talvez diminuir os dias de trabalho não reduza a produtividade.

A busca por esse equilíbrio já vem sendo falada há algumas décadas. O sociólogo italiano Domenico de Masi criou a expressão ócio criativo,[58] segundo a qual esse período "vazio" é fundamental para recarregar as energias e resultado da harmonia entre estudo, trabalho e lazer, de forma que possamos desfrutar do valor gerado pelo trabalho, do conhecimento pelos estudos e da alegria gerada pelo lazer. Todas as esferas se retroalimentam e contribuem para a satisfação. Esse período nos auxiliaria a aumentar a nossa criatividade, já que é um descanso produtivo, ao contrário da preguiça, que é o não fazer nada sempre.

FERMENTAS DE PRODUTIVIDADE E GESTÃO DO TEMPO

Você pode utilizar duas ferramentas incríveis de produtividade e gestão do tempo. São bem simples e fáceis de serem utilizadas para traçar estratégias que o farão avançar em direção às suas metas e realizar seus objetivos. Vou falar sobre algumas delas a seguir.

A primeira é a boa e velha agenda, a qual foi mencionada anteriormente, mas aqui vale detalhar ainda mais alguns pontos. Vou ensinar a você uma maneira prática e eficiente de construir a sua.

---

[57] ORGAZ, C. J. O experimento na Espanha para reduzir jornadas de trabalho a 4 dias por semana. *BBC News Brasil*, 1 maio 2021. Disponível em: https://www.bbc.com/portuguese/internacional-56939071.amp. Acesso em: 18 jul. 2022.

[58] MASI, D. de. *O ócio criativo*. Rio de Janeiro: Sextante, 2000.

Se fizer bom uso de uma, não virará agenda dos outros, pois ocupará seus horários produtivos com as suas tarefas e seus compromissos e não sobrará tempo para aquilo que não está alinhado aos seus objetivos e responsabilidades. Assim, isso também o ajudará a passar a dizer não quando lhe pedem as coisas – afinal, sem espaço na agenda, não tem como ceder – e a dizer sim nas horas certas. Ou seja, você terá clareza de quando pode ou não se comprometer com algo de fora das suas obrigações.

Primeiro, é preciso entender que, ao fazer um planejamento semanal, você terá uma visão maior de como será sua semana e, se necessário, poderá realizar pequenos ajustes no dia a dia. Sugiro que monte a sua agenda no domingo à tarde, assim como eu, pois se deixar para a segunda-feira já perde tempo. Isso porque, na maioria das vezes, a segunda-feira de manhã já começa repleta de atividades.

Se optar por um meio digital, o Google Agenda é um serviço de agenda e calendário on-line oferecido gratuitamente, disponível para smartphone e computador. É possível adicionar, controlar eventos, compromissos, compartilhar a programação com outras pessoas, agregar a ela agendas diversas, agendas públicas, entre outras funcionalidades. Só pode acessá-lo quem tem uma conta no Google, mas isso é fácil de se resolver: ter um endereço de e-mail no Gmail é o suficiente.

Claro que há outras ferramentas de agenda no mercado, mas aqui vou usar o Google Agenda como exemplo, pois é a que eu utilizo. Reserve de uma a uma hora e meia da sua tarde de domingo para montar a sua agenda da semana, pois você precisa se ambientar à ferramenta. Com o passar do tempo, pegará mais prática e fará a atividade com mais agilidade.

Para começar, anote em uma coluna de Excel ou em um papel todas as tarefas que precisa cumprir. Quando eu digo todas as tarefas, são todas mesmo! São as coisas que tem para fazer no dia seguinte, durante a semana, no fim do mês e até nos meses seguintes. Nesse

A CONSTRUÇÃO DE ESTRATÉGIAS

primeiro dia, as informações serão bem completas, você incluirá até tarefas rotineiras como refeições, academia, descansar e dormir. Insira também compromissos como consultas médicas, dentista, reuniões, passeios, trabalhos, pagamentos a serem feitos, projetos. Adicione tudo o que lembrar que faz parte de seu dia a dia. É comum que, nessa etapa, tenha oitenta, 120, até duzentas tarefas entre assuntos profissionais e pessoais. Quanto mais itens lembrar, melhor.

Feito isso, você montará outras colunas: tarefas rotineiras, trabalho principal, projeto 1 e projeto 2, por exemplo. Elas serão de acordo com a sua realidade. Se você estuda e trabalha, lidera equipe ou é dono de empresa e ainda tem outros compromissos, como querer fazer um intercâmbio, suas colunas serão: estudos, trabalho e intercâmbio. Na coluna de intercâmbio, você anotará sua visita ao consulado para levar a documentação, por exemplo, ou ida à Polícia Federal para fazer o passaporte, curso de idiomas e assuntos do tipo. Pode ser que não tenha muitas colunas, que precise fazer apenas uma de tarefas rotineiras, outra de assuntos pessoais e outra de assuntos profissionais.

Mova todas as ações que você selecionou para cada coluna. Em rotineiras, anote o horário de acordar, tomar banho, comer, deixar seu filho na escola, ir à academia, além do período de descanso e lazer. As rotineiras são aquelas atividades que você realiza todos os dias.

Em seguida, anote os demais compromissos, como reunião do trabalho, consulta ao dentista, reunião da escola do filho etc., sempre separando entre profissional e pessoal ou qualquer outra coluna que tiver, como algum projeto no qual esteja trabalhando.

Por último, registre as tarefas que pode delegar, ou seja, aquilo que precisa ser feito, mas não necessariamente por você. Pode ser deixar o tapete na lavanderia, levar o cachorro para tomar vacina... É nessa fase, aliás, que você começa a aumentar o seu nível de produtividade, fazendo bom uso do seu tempo apenas com o que de fato é relevante.

AO FAZER UM PLANEJAMENTO SEMANAL, VOCÊ TERÁ UMA VISÃO MAIOR DE COMO SERÁ SUA SEMANA E, SE NECESSÁRIO, PODERÁ REALIZAR PEQUENOS AJUSTES NO DIA A DIA.

A CONSTRUÇÃO DE ESTRATÉGIAS

Essa programação estando pronta, você montará a sua agenda. Comece a preenchê-la pela segunda-feira. Algo que facilita muito é colorir cada tarefa ou compromisso e criar um cronograma de cores para cada função. Por exemplo, as tarefas rotineiras – comer, treinar e levar as crianças para escola – podem ser amarelas; as reuniões de trabalho, grafite; os compromissos importantes e inadiáveis, vermelhas. Assim, você se familiariza com cada cor e fica mais fácil identificar cada ação a ser feita. Você abrirá sua agenda e, mesmo sem lê-la, já terá dimensão de como está a sua semana, se mais calma ou mais atribulada.

Algo importante é sempre deixar espaços livres no seu planejamento. Não saia preenchendo todos os horários. Tendo essas lacunas, haverá a possibilidade de encaixar um compromisso de última hora, remanejar alguma alteração ou, simplesmente, aproveitar aquele momento para relaxar ou dar uma "escapadinha" para tomar um café com seu amigo, por exemplo.

Outro ponto é não ficar preso apenas a essa primeira semana. Vá preenchendo as próximas com tarefas que já sabe que precisará fazer. Se você vai à academia sempre às segundas, quartas e sextas-feiras às 7h da manhã, deixe esses espaços já preenchidos sempre. Há a opção de programar pelo tempo que quiser um determinado compromisso. Se tem uma consulta médica marcada para daqui a dois meses, já anote-a também.

Se no decorrer da semana surgir algo novo, não espere chegar o domingo para adicionar a tarefa à sua agenda. Anote-a na mesma hora. O importante é que a agenda esteja montada no domingo para começar a semana com foco, mas ela se moldará às suas necessidades; afinal, imprevistos acontecem.

Um planejamento como esse é fundamental para se ter uma visão de futuro. Você se sente no controle da sua vida. Com essa organização, é possível se programar e estipular objetivos realistas para dali a um ano ou até mesmo cinco, pois está acompanhando o que faz todos os dias e semanalmente.

Você verá que tudo fluirá melhor. Não faltará à academia por preguiça, pois o compromisso de frequentá-la estará registrado; seus atrasos diminuirão, porque você fará uma programação dos horários, e não esquecerá compromissos. Assim, você se aproximará cada dia mais do seu objetivo e conseguirá eliminar o que é desnecessário. Afinal, como planejar uma visão de futuro para a sua vida daqui a cinco, dez ou vinte anos se não se tem nem controle dos compromissos da semana?

Ao contrário das notificações sabotadoras sobre as quais comentei anteriormente, as relacionadas à sua agenda, na verdade, são suas aliadas. Assim, ative as do Google Agenda e você sempre será avisado sobre seus compromissos.

Agora que já tem esse elemento para a sua organização pessoal e para a gestão do seu tempo, é capaz de definir suas estratégias, calcular quantas horas do seu dia são produtivas e quanto precisa dormir. Já identificou e excluiu os sabotadores e tem um método para elaborar a sua agenda. No entanto, ainda há mais ferramentas que o ajudarão nesse processo. A seguir, vamos continuar conversando sobre isso.

POMODORO

Abordarei mais uma técnica para ajudar em sua produtividade. É a técnica Pomodoro, que foi inventada pelo italiano Francesco Cirillo em 1988.[59] Trata-se de um método de gestão de tempo que pode ser aplicado em diversas tarefas, como nos estudos ou no trabalho. Como curiosidade, o nome tem tudo a ver com a origem do inventor: *pomodoro* é tomate em italiano. A origem de sua designação está em cronômetros bastante comuns na época, em forma de tomate, que eram girados para marcar o tempo desejado, após o qual um alarme soava.[60]

---

[59] CIRILLO, F. *A técnica Pomodoro*. Rio de Janeiro: Sextante, 2019.

[60] *Ibidem.*

A CONSTRUÇÃO DE ESTRATÉGIAS

Utilizo essa técnica enquanto estou criando e produzindo conteúdos, ou quando trabalho em algum projeto que requer muita concentração e foco. Enquanto escrevo este livro, por exemplo, ela tem me ajudado bastante.

A diferença é que hoje você não depende de um tomate de plástico. Você só precisa de um marcador de tempo, e pode ser do celular mesmo. Defina uma tarefa a ser desempenhada. Ajuste o temporizador para vinte e cinco minutos. Execute a tarefa sem parar até o alarme tocar. Esses minutos serão de total imersão no que estiver fazendo. Você vai apenas trabalhar e respirar.

Após acabar esse tempo, faça um intervalo de cinco minutos. Tome um café, vá ao banheiro, faça o que quiser. Será o momento de se desligar totalmente da atividade. Passado esse intervalo, retome sua tarefa por mais vinte e cinco minutos. A cada quatro ciclos desses, faça uma pausa maior, de quinze minutos. Nesse momento, costumo comer ou dar uma boa descansada. Isso evita a queda do rendimento.

Diversas outras pesquisas mostram que nosso cérebro precisa de intervalos de descanso, os quais melhoram nosso rendimento. Uma delas foi realizado durante a pandemia de Covid-19 pela empresa de tecnologia Microsoft e divulgada em abril de 2021.[61] Por meio de uma análise de ondas cerebrais, o estudo revelou que as seguidas reuniões virtuais, que se tornaram comuns em tempo de pandemia, são estressantes. Pequenas pausas seriam a solução, já que "resetariam" o cérebro. Os intervalos não só promovem descanso, como aumentam a capacidade de concentração e reduzem o estresse, que pode desencadear doenças como síndrome de burnout – esta caracterizada por um grande esgotamento mental que leva a inúmeros problemas, como ansiedade, depressão e falhas de memória.[62]

---

[61] PESQUISAS comprovam que o cérebro precisa de intervalos. *Microsoft*, 20 abr. 2021. Disponível em: https://news.microsoft.com/pt-br/relatorio-de-atuacao-investigacao-do-cerebro/. Acesso em: 10 jun. 2022.

[62] MINISTÉRIO da Saúde. Síndrome de Burnout. Brasília, 24 nov. 2020. Disponível em: https://www.gov.br/saude/pt-br/assuntos/saude-de-a-a-z/s/sindrome-de-burnout. Acesso em: 18 jul. 2022.

5W2H

Outra ferramenta que gosto de sugerir é a 5W2H, a qual uso em minhas tomadas de decisão. Trata-se de uma invenção japonesa, criada para facilitar o planejamento de qualquer atividade – uma lista de tarefas. Começou na indústria automobilística, inicialmente em sistemas de gestão da qualidade e tendo como foco a facilitação do planejamento para o alcance de melhorias dentro das empresas. Depois, passou a ser aplicada em outros setores.[63]

O nome é um acróstico e vem do inglês: 5 W se refere às perguntas: *What?* (O quê?); *Why?* (Por quê); *Where?* (Onde?); *When?* (Quando?); *Who?* (Quem?). Então, temos o seguinte planejamento: o que será feito, por qual motivo, onde, quando e por quem. O 2 H significa: *How?* (Como?); e *How much?* (Quanto?) – como serão os detalhes da execução e quanto é o orçamento, o custo. Após todas as perguntas respondidas, você terá um plano objetivo, bem estruturado e com resultados.

Esses conceitos são aplicáveis nas mais diversas situações, em tomadas de decisões profissionais e pessoais. É formidável poder definir as estratégias que traçará para realizar o seu plano, já que dá clareza do caminho a seguir e de quais recursos vai precisar. É muito bom quando não se sabe por onde começar. Se está decidido a alavancar seus negócios, por exemplo, pode ser uma forma de definir qual será a primeira ação a ser tomada.

É SIMPLES, MAS REQUER ADAPTAÇÃO

Perceba que não apresentei ferramentas difíceis de serem utilizadas, dispendiosas ou raras. São todas técnicas e ferramentas

---

[63] 5W2H: TIRE suas dúvidas e coloque produtividade no seu dia a dia. *Sebrae*, 31 out. 2017. Disponível em: https://www.sebrae.com.br/sites/PortalSebrae/artigos/5w2h-tire-suas-duvidas-e-coloque-produtividade-no-seu-dia-a-dia,06731951b837f510VgnVCM1000004c00210aRCRD. Acesso em: 18 jul. 2022.

A CONSTRUÇÃO DE ESTRATÉGIAS

usadas há muitos anos, conceituadas e com embasamento. Mesmo que nunca tenha ouvido falar delas, são facilmente encontradas e geram resultados eficazes. São esses tipos de informação simples e práticos que costumo ensinar aos meus mentorados e alunos, pois sei que funcionam.

Eu sou a favor do simples bem-feito. Se começar a apontar maneiras mirabolantes, as pessoas podem se assustar e se perguntar por onde começar. Então, prefiro tomadas de decisões simples e diretas; assim, não há dúvidas ou inseguranças. Não estou subestimando ninguém, apenas acredito que certos processos podem ser simplificados, já que você está operando uma grande mudança em sua vida.

Resumindo o que vimos neste capítulo: com um dia a dia estruturado, fica mais fácil se programar e inserir o que precisa ser feito. Se seu objetivo é emagrecer e conquistar o corpo dos seus sonhos, por exemplo, insira no seu dia a dia os horários para consultas com nutricionistas, os momentos em que preparará suas refeições e os períodos em que se exercitará. "Mas, Bianchini, não tenho tempo!" Essa ideia deve ser abolida, pois, se organizar o seu dia, com certeza encontrará tempo. Na verdade, o que falta não é tempo, mas o sentimento de prioridade sobre isso. Lembre-se: todos têm as mesmas vinte e quatro horas. E, como eu disse, não será uma trajetória fácil.

Talvez você precise acordar todos os dias uma hora mais cedo para preparar a sua marmita; terá menos tempo de almoço porque o usará para treinar; precisará deixar de lado alguns momentos de lazer para ir à academia porque teve um dia cheio de imprevistos e precisou abrir mão do horário habitual. O ponto é que você encaixará em seu dia as suas novas obrigações e vai cumpri-las, sejam quais forem: leituras, cursos, consultas médicas ou qualquer outra necessidade que tenha para alcançar a sua meta.

Aprenda que, para passar por uma transformação no âmbito pessoal ou em sua empresa, você precisará mudar, e isso inclui sua rotina e a rotina do seu negócio. Não esqueça que seu cronograma deverá ser sustentável, pois levará meses e talvez seja pelo resto de sua vida. Portanto, criar uma agenda que exclui horários de descanso e estipula quatro horas de sono por noite está fora de questão. Se assim o fizer, com certeza não aguentará o ritmo, e seu projeto de mudança fracassará. Você deve fazer esforços e até sacrifícios, mas de maneira sensata.

NA VERDADE, O QUE FALTA NÃO É TEMPO, MAS O SENTIMENTO DE PRIORIDADE SOBRE ISSO. LEMBRE-SE: TODOS TÊM AS MESMAS VINTE E QUATRO HORAS. E, COMO EU DISSE, NÃO SERÁ UMA TRAJETÓRIA FÁCIL.

CAPÍTULO 10
A sua palavra tem poder

Você se esforça para cumprir algo com que se comprometeu? Pode ser um compromisso com clientes, fornecedores, colaboradores, chefe, filho, amigo? Acredito que sim. Mas e com você mesmo? É um pouco mais difícil? Por que quando se trata de você a sua palavra não vale o mesmo? Você é seu maior compromisso, pois ninguém mudará a sua vida por você. Esse poder é somente seu. Portanto, entenda que o que prometeu a si mesmo é tão valioso quanto o que promete aos outros.

Neste capítulo, vamos desenvolver com mais detalhes aquilo que abordamos no início do livro: o ato de se manter aberto a aprendizados. Abra a sua mente para novas informações, mantendo a disposição para aprender, bem como reveja antigos conceitos e saiba descartar ideias que não lhe servem mais. Se resistir às informações que chegam até você, elas não se tornarão conhecimento, pois tudo que se aprende vendo, experimentando, lendo ou ouvindo chega por meio de informações primeiro.

Outro passo fundamental é aplicar o que aprendeu; do contrário, será apenas um conhecimento vazio. Sem colocar em prática, você lerá este livro e, quando terminar a leitura dele, dirá: "Que diferença isso fez em minha vida?". Se não agir, nada mesmo fará diferença. Não só este, como nenhum outro livro do mundo. Você continuará com os mesmos resultados e seguirá reclamando da vida, porque o principal critério para se ter resultados é a ação.

Para ter a motivação para agir e cumprir o compromisso selado consigo mesmo, pense em quem você é e no que tem feito. O que está acontecendo na sua casa e no seu trabalho? O que está acontecendo no seu relacionamento? Quem é você? Quem é como líder? Quem é como pai ou mãe? E como cônjuge? Quais são os seus papéis e como os têm desempenhado? Está arcando com as responsabilidades inerentes a cada um deles? O trabalho está atrapalhando a harmonia do seu lar? Em que patamar está como pessoa? O que está fazendo da sua vida? O que significa para as pessoas ao redor? Para quem você faz o que faz? Mais do que isso: por quem faz? Responder a essas perguntas o ajudará no seu processo de autoconhecimento e desenvolvimento pessoal e profissional.

O PODER PESSOAL

Para se autoconhecer, você precisa desenvolver habilidades que têm a ver com o poder pessoal. Você sabe o que é poder pessoal? É o poder que cada um carrega dentro de si. É o poder da sua palavra, que é muito forte. É aquilo que, quando você fala, vai acontecer. E não interessa o que possa ocorrer, porque vai lutar para isso acontecer.

Imagine alguém dizendo: "Se essa pessoa falou que vai comparecer ao evento, é porque ela vai com toda a certeza", "Se ela falou que vai lhe entregar esse serviço pronto em tanto tempo, é porque vai fazer". Você tem alguém em quem confia plenamente, com quem pode contar? Então, é desse tipo de pessoa que estou falando, cuja palavra é tão poderosa, mas tão poderosa, que qualquer coisa que diga acontece!

Por que isso acontece para algumas? Porque, após se comprometer com a sua palavra, nada tira o foco deles com relação ao que disseram. Nada! Nada mesmo! Eles moverão o céu e a terra para conquistar o que desejam. Pode ser que surja algum imprevisto, é verdade. Talvez isso prejudique a realização do objetivo. No entanto, a possibilidade de o improvável ocorrer é mínima. Por isso, o nome é improvável, certo? Acontece 2% das vezes, 3% no máximo. Todas as outras 98% e 97% das vezes que você promete as coisas, no que depender de você, serão cumpridas. Vão acontecer porque **você** fez acontecer. A força da sua palavra, que impulsiona a sua ação focada e ininterrupta, deve ser como uma rocha.

LOCUS DE CONTROLE

Existe algo chamado *locus*[64] de controle, isto é, o campo sobre o qual se tem controle e até que ponto ele chega. Há quem considere que o seu *locus* de controle é imenso. Por exemplo, quando alguém vai para algum lugar e chove, diz: "Nossa, toda vez que eu vou para lá chove". Essa pessoa pensa que tem poder até sobre a chuva. Alguns também afirmam: "Ai, a minha empresa quebrou, é culpa do governo. A conta não foi paga. É culpa do meu funcionário. A encomenda não foi entregue, é culpa do fornecedor". O *locus* de controle dessa pessoa é muito pequeno, pois nada do que ela faz está sob controle. É tudo culpa dos outros. Ela está sempre se colocando à mercê da vontade de terceiros e do acaso.

No entanto, a verdade é que nenhum desses dois extremos é verdade. Não se pode controlar tudo. Você não controla a chuva, as tragédias da vida e demais imprevistos, mas tem controle sobre vários outros aspectos – para começar, as maneiras de se precaver de problemas. Você controla o que fala e o que faz.

---

[64] PASQUALI, L.; ALVEZ, A. R.; PEREIRA, M. A. de. M. Escala de Locus de controle ELCO/ TELEBRÁS. *Psicologia: reflexão e crítica*, 1998. Disponível em: https://www.scielo.br/j/prc/a/ tynkz7dCmGvNVFwZWsKVq7y/?lang=pt#:~:text=Segundo%20O'Brien%20(1984),chance%2C%20etc.)%22. Acesso em: 18 jul. 2022.

VOCÊ É SEU MAIOR COMPROMISSO, POIS NINGUÉM MUDARÁ A SUA VIDA POR VOCÊ. ESSE PODER É SOMENTE SEU. PORTANTO, ENTENDA QUE O QUE PROMETEU A SI MESMO É TÃO VALIOSO QUANTO O QUE PROMETE AOS OUTROS.

A SUA PALAVRA TEM PODER

É crucial ter consciência sobre o seu *locus* de controle, pois, se sua visão acerca dele estiver distorcida, você fará promessas inalcançáveis. Empenhará a sua palavra naquilo que não depende de você. Usando um exemplo bem extravagante, é como querer praticar esqui no Rio de Janeiro. No Rio cai neve? Não. Então, é óbvio que nunca poderá esquiar nesse estado, por mais que reze, peça, acenda vela. Agora, se quiser se tornar um excelente surfista, dependerá apenas de você ir à praia e treinar diariamente.

Está fora do seu *locus* de controle também algo elementar, mas que nem sempre as pessoas levam em conta: o comportamento alheio. Por mais que alguém lhe prometa algo, que você conheça a pessoa, nunca terá total controle sobre o que o outro fará, dirá ou pensará. Mesmo em uma ditadura cruel, nenhum governo será capaz de controlar os pensamentos e ações de todos. Sempre há aqueles que subvertem o sistema, que se rebelam. Em suma, não se pode pedir ou exigir que a outra pessoa seja honesta, é você que tem que ser honesto. Não dá para garantir que alguém o ame, que goste do que você gosta, que pense ou aja conforme seus desejos.

O seu poder pessoal e a sua promessa são muito importantes, pois a única pessoa que você pode controlar no mundo é você mesmo. Ao se comprometer com algo, mas não cumprir o prometido, o indivíduo perde seu poder pessoal, pois perde a credibilidade com ele mesmo. Imagine aquele amigo que sempre diz que vai à festa, mas chega na hora e não aparece e deixa o grupo esperando. Imagine aquele parente que pede dinheiro emprestado, marca uma data para pagar, porém não honra com o combinado. O que acontece com esse tipo de gente? Perde a credibilidade. Assim é com você mesmo. Ao não cumprir o prometido, você manda uma mensagem para seu inconsciente de que será mais uma promessa não cumprida.

DIGA NÃO!

Outra atitude muito importante nesse processo é saber dizer não. Se você tem o perfil de aceitar tudo sem restrição, isso pode ser um grande problema. Se não souber dizer não, você se comprometerá com o que não poderá cumprir. Consequentemente, sua palavra perderá valor. Passará de bonzinho, aquela pessoa que diz sim para tudo, para alguém sem credibilidade. O que é melhor: ser o bonzinho ou ter a imagem de alguém de palavra sólida? Pense nisso antes de dizer sim a algo que não pode cumprir.[65] Você terá muito mais respeito pelos nãos que disser do que por concordar com qualquer coisa. As pessoas querem e valorizam sinceridade.

Para ser um líder, antes de tudo, é preciso ser um líder com você mesmo. A dificuldade de dizer não pode estar ligada a competências emocionais não desenvolvidas ou a uma autoestima baixa. Sendo assim, o indivíduo tem medo de desapontar. Nestes casos, a vontade de agradar o tempo todo o faz não conseguir dizer não. Entenda que você não tem como agradar a todos o tempo todo. Dizer não é muito importante, você colocará limites nos outros em relação a você.

AUTOLIDERANÇA

Um dos princípios fundamentais da liderança é: sem autoliderança, você não consegue liderar – as pessoas não vão seguir o seu exemplo. E, uma vez que não cumpre o que promete, por que seus subordinados farão o que você lhes solicita? Só se pode pedir aquilo que se tem a oferecer e que puder mostrar como exemplo para os demais. Por qual motivo sua equipe se empenhará se o superior não trabalha? Por qual motivo seguirão as regras à risca se o líder não as segue?

---

[65] FONSECA, Rodrigo. Como aprender a dizer não em 6 passos. *Sociedade Brasileira de Inteligência Emocional (SBIE)*, 18 abr. 2018. Disponível em: https://www.sbie.com.br/blog/como-aprender-dizer-nao-em-6-passos/. Acesso em: 18 jul. 2022.

A SUA PALAVRA TEM PODER

Por qual motivo seus colaboradores seguirão os valores e a cultura da empresa se o líder não o faz? Por que vão falar a verdade se você mente?

Indivíduos cujas palavras condizem com suas atitudes constroem uma reputação sólida com eles mesmos e com os demais. Agindo assim, você terá orgulho do que é e os outros se sentirão inspirados. Se quiser ser uma referência para a sua equipe, seus colegas, sua família, seus clientes e seus concorrentes, precisa construir o seu poder pessoal. Quando se tem poder pessoal, por mais que não concordem com a sua opinião, irão respeitá-la. Essa característica emana de dentro para fora, por isso enfatizo tanto a necessidade de trabalhar dentro de você suas promessas.

DESENVOLVA PRIMEIRO O PODER COM VOCÊ MESMO

Quando não cumpre suas metas pessoais por falta de ação, você começa a se fragilizar. Perde poder consigo mesmo. Isso é grave, pois esse é o único poder sobre o qual temos total controle. O primeiro poder que deve construir é com você mesmo. Não é o poder com seu marido, com sua esposa, com seus filhos ou com sua equipe. É com você. Portanto, mais do que falar, aja!

Entenda: esse é um compromisso sério. Se sua meta é frequentar a academia todos os dias e, em algum dia, realmente não puder ir, peça desculpas a si mesmo, pense nos motivos que o impediram de ir e em como não repetir esse problema. Se falta ao trabalho ou a uma reunião, você pede desculpas aos seus superiores ou aos demais participantes e explica o motivo, certo? Então, faça o mesmo com você e prometa a si mesmo que não haverá reincidência.

Vamos fazer um exercício para você começar a praticar o seu poder pessoal.

INDIVÍDUOS CUJAS PALAVRAS CONDIZEM COM SUAS ATITUDES CONSTROEM UMA REPUTAÇÃO SÓLIDA COM ELES MESMOS E COM OS DEMAIS.

A SUA PALAVRA TEM PODER

Defina pelo menos três objetivos que tem dificuldade em cumprir. Por exemplo: ir à academia, montar sua agenda da semana, cortar a grama, delegar trabalhos operacionais. Marque a seguir quais escolheu.

1

2

3

Defina data, período, hora e local ideais para que eles ocorram.

Agora conte para alguém que queira o seu bem e se importa com você. Combine com essa pessoa que, se não cumprir essas ações as quais você mesmo está se comprometendo a realizar, terá que pagar um valor em dinheiro para ela sempre que falhar. Mas esse valor tem que pesar no seu bolso, então não pode ser, por exemplo, 10 reais. Depende muito das suas condições financeiras, mas a ideia é nunca perder a quantia mencionada. Isso o fará se acostumar a cumprir sua palavra consigo mesmo, honrando aquilo com que se compromete. Em algum tempo, você vai criar o hábito de ter poder pessoal e poderá dar continuidade a outras ações, para exercitar essa atividade cada vez mais.

Quando fala para si mesmo algo que só você está escutando, mas não faz, a sua mente passa a duvidar de todo o resto que afirmou que faria, mas que, por algum motivo, não concretizou. Isso é perder poder pessoal em todos os setores da vida, pois você passa a acreditar que não é capaz de cumprir nada.

É assim que se apresenta o conceito da autossugestão, que consiste em dizer a si mesmo que pode fazer algo, mas o inverso também funciona. Você condiciona a sua mente sobre o que pode ou não fazer, e o otimismo tem muito a influenciar. Todavia, é preciso executar aquilo a que se propõe – não adianta falar que precisa ir pegar firme na academia mas ao mesmo tempo não fazer esforço algum para ir até lá –, do contrário, você mesmo colocará barreiras mentais em si, afirmando não ser capaz de tirar suas ideias do papel; com isso, passará a duvidar de si.

É assim que têm início pensamentos intermitentes que o fazem se sentir incapaz, bem como as crenças incapacitantes, dando início a um ciclo negativo de procrastinação e de não realização de objetivos, que alimentam sua frustração e seu sentimento de incapacidade. Quando você percebe, se passaram dez anos e a sua dieta não foi para a frente, a reforma da casa ficou parada e seu projeto de crescimento profissional não saiu do papel. A sua mente aprende que você não cumpre o que promete; logo, sua palavra é vazia. Você se acostumou a não executar o que se propõe.[66]

No entanto, saiba que a mente é um ente separado de você. Você está acima da sua mente, não é a sua mente. A sua mente lhe pertence do mesmo modo que a sua mão lhe pertence; assim, você pode controlá-la.

É comum nos confundirmos com o que vemos, mas não com o que sentimos. Temos lá no fundo nosso instinto de sobrevivência, a área mais primitiva do nosso cérebro, parte que nem percebemos. No entanto, somos mais do que o nosso sistema límbico, o lado emocional do cérebro. O processamento da nossa linguagem ocorre no córtex frontal, onde está a nossa área racional. Ali devemos focar, pois a partir dela podemos nos reprogramar.

Somos seres complexos, repletos de camadas. Somos mais do que vemos no espelho. Lembre-se disso quando se vir e pensar: *Como estou acabado!* Você não é essa aparência. Aquilo que vê é apenas uma faceta do seu ser e que você pode mudar. Não em um passe de mágica, claro, mas você pode mudar a partir da maneira com que lida com o mundo. Deixar-se levar por uma crença

---

66 MARQUES, J. R. Como funciona a autossugestão. *Instituto Brasileiro de Coaching*, 15 jan. 2019. Disponível em: https://www.ibccoaching.com.br/portal/como-funciona-autossugestao/. Acesso em: 18 jul. 2022.

incapacitante é um caminho perigoso, pois ela o convencerá de que não tem condições de conquistar o que deseja; assim, você sequer de fato tentará.

TRATE-SE BEM!

Se você tratasse os seus amigos como você trata a si mesmo, tenho certeza de que não sobraria uma pessoa sequer ao seu lado. Ninguém aguentaria ser tratado com tamanho desdém e crueldade. Assim você faz ao repetir que é incapaz de alcançar seus sonhos, ao dizer que que nunca conseguiu e que não é agora que vai funcionar. A mudança é quando valoriza a sua palavra. Junto a isso vem a sua valorização como indivíduo. E a melhor maneira de quebrar esse ciclo destrutivo é cumprir sua promessa, valorizar a sua palavra.

Gosto bastante de uma frase cuja autoria desconheço: "A maneira que eu faço uma coisa é a mesma maneira que eu faço todas as outras". Portanto, realize suas tarefas de modo bem-feito e veja os nós de sua vida se desatarem. Isso não é mágica, é o seu poder pessoal que o motivará a lutar para conquistar. Será a força necessária para saltar em frente.

O poder pessoal nunca acaba. Nunca. A menos que você decida acabar com ele. Estou falando da sua vida, da sua empresa, do seu negócio, e não de um relacionamento. Relacionamentos simplesmente terminam, até porque, como eu disse, não controlamos as outras pessoas. Já a sua carreira, a sua vida, elas não vão acabar se você tiver poder pessoal, a menos que queira isso.

A verdade é que o problema nunca é grande demais até o momento que você decida que ele é maior do que você. Não peça poder para problemas menores, peça mais força para resolver os problemas grandes. Você não foi feito para resolver os pequenos, você é grande demais, tem poder!

Assim, não acredite quando afirmam que você não é capaz. Quem são os outros para dizer o que você pode ou não fazer? Enxergue-se como alguém grandioso, pois você é, nós somos. O seu lado obscuro não interessa, ele não reluz. Foque-se na sua grandiosidade. Eu vejo você cumprindo a sua palavra. É isso que enxergo. Acredito em você, e você também deve acreditar em si. Já passei por isso. Se não acreditar, ninguém o fará. Falo porque desenvolvi esse poder dentro de mim e não sou diferente de você.

É com o poder pessoal que você construirá todos os degraus da escada para atingir os seus sucessos, para se tornar a pessoa que desejar e o profissional incrível que sonha ser. Para finalizar este capítulo, peço que se comprometa com você. Respire profundamente e sele esse compromisso.

A VERDADE É QUE O PROBLEMA NUNCA É GRANDE DEMAIS ATÉ O MOMENTO QUE VOCÊ DECIDA QUE ELE É MAIOR DO QUE VOCÊ.

CAPÍTULO 11
Honre a sua trajetória

A maior alegria que uma pessoa pode ter é chegar ao fim da vida, olhar para trás e se orgulhar de como foi a sua jornada enquanto esteve vivo. Há um miniconto que cabe em muitas situações, o qual registro a seguir.

"Então disse:

— Viver era isso?

E fechou lentamente os olhos"[67]

Fico pensando: quando eu fechar os meus olhos, qual será o filme que passará na minha cabeça? Acho que eu faria essa pergunta com satisfação. E você? Espero que também, pois imagino que não há satisfação maior do que poder descansar em paz, com a sensação de missão cumprida, saber que deixou um legado, uma luz no coração de cada um que fez parte da sua vida e que seu nome será lembrado com alegria só por você ter existido.

Tenha orgulho de quem se tornou, honre a sua trajetória! Honrar a sua trajetória significa valorizar os seus esforços e a si mesmo. Assim, assuma o exemplo que você é e outras pessoas irão segui-lo. Assuma o controle o seu destino. Seja a sua melhor versão e tenha

---

[67] NETO, M. S. *In*: Os cem menores contos. Brasileiros do Século. São Paulo: Ateliê, 2004, p. 68.

suas conquistas e capacidades como exemplo para si mesmo e para os outros.

Tal qual em um jogo de tabuleiro ou em um videogame, após completar uma série de etapas, vem a recompensa. Com esta leitura, você cumpriu tarefas diversas, muitas delas difíceis, sacrificantes. Precisou mudar conceitos, comportamentos, a maneira de enxergar a si mesmo e às pessoas; mudou até a maneira de pensar. E qual é a sua recompensa? Só você saberá dizer.

Mais do que isso, esse jogo não se encerra. Pelo contrário, é agora que começa uma jornada de crescimento, desenvolvimento, consistência e abundância, e o melhor: está acontecendo porque você decidiu que iria acontecer. Você seguirá colhendo frutos conforme continuar com as suas mudanças. Muitos efeitos só serão sentidos no longo prazo, alguns inimagináveis.

Você mudou por dentro, não é mais a mesma pessoa do início deste livro; por isso, aqui se inicia uma nova etapa de feitos e conquistas. Tenha clareza sobre sua transformação, e seus resultados serão diferentes dos do passado. Esteja preparado, pois agora você participa de um jogo novo, está em outro nível de vida e com outra frequência. Agora frequenta ambientes diferentes, se envolve com outras pessoas, não pratica mais as mesas ações, faz escolhas que provavelmente não faria antes e, acima de tudo, enxerga a vida com outros olhos.

Em 2014, quando cruzei a porta de saída da prisão para nunca mais voltar, eu era outro Marcelo. Quando havia entrado no sistema prisional em 2003, era um rapaz franzino, ligado ao crime, cheio de crenças limitantes. Dez anos depois, saí de lá mais forte, tanto física quanto mentalmente. Estava liberto não apenas pela Justiça, mas também de mim mesmo, do outro Marcelo, aquele que me pôs ali, que havia me transformado em um criminoso. Isso tudo era apenas o primeiro passo de uma jornada que me trouxe até aqui. Oito anos após dizer adeus à prisão, sou de fato livre. Celebro isso todos os dias, pois me liberta das prisões mentais, daquelas amarras que me prendiam àquela vida medíocre e me impediam de prosperar e crescer.

É indescritível o sentimento que tenho cada vez que me olho no espelho e um Marcelo bem-vestido, com uma aparência muito melhor, me fita de volta. Cada vez que me percebo em uma bela casa, com minha família, sendo um empresário de sucesso, palestrante internacional, mentor de empresários, um empreendedor da minha própria vida. Hoje posso desfrutar do melhor que a vida tem a oferecer e ainda sou capaz de proporcionar essa grandiosidade para as pessoas que amo. Tudo isso foi possível porque tomei a decisão de mudar, assim como você fez ao ler este livro.

SEJA GRATO

Quero que você também tenha esse sentimento, essa sensação única de se olhar e ver as suas conquistas. O que você sente ao olhar suas conquistas? Neste momento, respire profundamente e agradeça a si mesmo por ter realizado o que se propôs a fazer, por ter seguido cada passo deste livro e por ter se permitido viver uma nova etapa. Se acreditar em Deus, ore em agradecimento; se não acredita, tudo bem, o importante é agradecer. Pode ser a si mesmo ou a quem está ao seu redor, mas agradeça. Gratidão é um sentimento frequente em pessoas felizes, pois significa que reconhecem as benesses da vida e são capazes de valorizá-las. Mais do que isso, ser grato ajuda a viver melhor, é algo que devemos levar para todos os momentos, não apenas ao honrar a nossa trajetória.

Robert Emmons, PhD em Psicologia da Personalidade, professor na University of California em Davis e um expoente do movimento da psicologia positiva, escreveu o livro *Agradeça e seja feliz*.[68] Na obra, ele relata os poderes da gratidão em nosso organismo. De

---

68 EMMONS, R. *Agradeça e seja feliz!* Rio de Janeiro: BestSeller, 2009.

HOJE POSSO DESFRUTAR DO MELHOR QUE A VIDA TEM A OFERECER E AINDA SOU CAPAZ DE PROPORCIONAR ESSA GRANDIOSIDADE PARA AS PESSOAS QUE AMO.

HONRE A SUA TRAJETÓRIA

acordo com suas pesquisas, ser agradecido, inclusive por minúsculos acontecimentos, fortalece o sistema imunológico, reduz a depressão e o estresse, dá mais ânimo para as tarefas do dia a dia, diminui as queixas de mal-estar e, acima de tudo, traz mais felicidade. Diante disso, não seja uma pessoa mal-agradecida.

Proponho um exercício simples: feche os olhos. Imagine que está em um lugar onde se sente bem, que seja lindo. Imagine-se também vestindo roupas bonitas. De repente, começam a passar pela porta as pessoas que você ama, talvez seu cônjuge, seus filhos, seu pai, sua mãe, seus amigos, seus sócios. Elas estão aí, nesse momento, parabenizando-o e lhe dizendo o quão orgulhosas estão por suas conquistas e o quanto sabiam que seria capaz de vencer. Perceba que as suas decisões e mudanças ocasionaram isso nelas. Observe a imensa capacidade que você tem de fazer alguém feliz, pois você é incrível! Parabéns! Eu estou muito orgulhoso de você e um dia espero poder ouvir quais foram as conquistas advindas da sua mudança.

Agora é o momento de celebrar, mas também de não esquecer o passado. Nos casamentos judaicos, ao celebrar a união, o noivo pisa em uma taça de vidro para quebrá-la. O ritual significa a destruição do antigo Templo de Jerusalém, ou seja, mesmo em um momento de alegria, há uma recordação de algo triste e impactante para os judeus. É um lembrete do que são e de onde vieram em um momento em que se celebra uma nova vida, a consagração do casamento. Assim, devemos agir em nossos momentos de conquistas.

Não significa remoer o que passou e viver preso ao passado, mas apenas que você não deve esquecer seu ponto de partida. Não se esqueça da dor que o trouxe até aqui, pois ela foi necessária como impulso para a sua mudança. Essa lembrança deve servir como uma referência do que não quer para a sua vida e do quanto conseguiu evoluir. Entenda: você só se tornou alguém incrível graças a tudo aquilo que viveu no passado, então honre isso. Para ter dimensão da sua vitória é preciso ter um comparativo. Portanto, não se esqueça de onde veio e tenha claro para onde seguirá caminhando. Troque as suas folhas, mas não deixe para trás as suas raízes.

ESTE NÃO É O FIM DA JORNADA

Sua jornada não se encerra aqui, pois mudanças implicam responsabilidades. Não se acomode ou passe a achar que, por ter mudado, se tornou alguém superior em relação aos demais. Você só fez o seu papel, mostrando-se responsável pela sua vida e pelas pessoas que ama. Há uma antiga máxima, dessas que já estão no imaginário da população, bastante verdadeira: "Chegar ao topo não é tão difícil, difícil é se manter nele".

Primeiro porque é necessário manter as conquistas pelo resto da vida – ou pelo máximo de tempo possível. É como emagrecer; é preciso seguir uma alimentação correta após a perda de peso para não voltar a engordar. Segundo, porque você será o exemplo de alguém. Pode ser de seu filho, seu cônjuge, seu melhor amigo, seus colaboradores, ou muitas outras pessoas. Você é visto e ouvido por muitos, então deve ter a preocupação de filtrar suas palavras e atitudes, afinal o seu exemplo os inspira.

Você chegou a um ponto que lhe permitiu conhecer a sua melhor versão. Você é uma pessoa vitoriosa, pois a maioria das pessoas no mundo não vão chegar a essa versão, infelizmente. Muitos, pelo simples fato de não quererem, de terem preguiça, ou de não se sentirem capazes. Outros tantos por não terem acesso a um material como este. Então, saiba que você está no time dos privilegiados. Não desperdice essa oportunidade de seguir em frente, não ouse desistir. Lembre-se sempre dos motivos que impulsionaram a sua mudança, a sua jornada de crescimento pessoal e profissional. Se for preciso, releia estas páginas, que serão seu combustível por toda a vida.

HONRE A SUA TRAJETÓRIA

Na versão a que você chegou, será possível desenvolver habilidades e competências novas, adquirir conhecimentos que você não tinha, manter uma postura inspiradora, servir gerando valor na sociedade, ter um relacionamento incrível, fiel, harmonioso e duradouro, criar filhos fortes e confiantes de si mesmos, ter uma conexão espiritual com seu criador, aproveitar a sabedoria de enxergar a vida com os olhos de Deus, prosperar em sua vida profissional, conduzir múltiplos negócios ou ser melhor a cada dia em seu trabalho, construindo riquezas e patrimônio. Tudo isso depende apenas de você e, quando se está preparado para o extraordinário, assim como você está agora, tudo passa a fluir naturalmente, pois se permitiu isso e merece desfrutar das consequências positivas.

NÃO JOGUE FORA O QUE CONQUISTOU!

Steve Jobs nos deixou muitas lições. Uma delas é que jamais devemos nos acomodar. Ainda que pareça que chegamos ao topo, sempre é possível subir mais. Mesmo a Apple tendo virado uma marca que desperta paixão entre os clientes, capaz de desbancar seus concorrentes, ele nunca parou. Mesmo quando não havia mais concorrentes à altura, ele competia consigo mesmo e seguia lançando cada vez mais inovações. Essa mentalidade segue norteando a gigante Apple mesmo após a morte de seu principal líder. Se você fez algo bom, o próximo passo é fazer algo maravilhoso. Mantenha-se sempre em uma zona de desconforto e entenda que os cenários mudam, assim como você deve estar aberto a transformações. Ou seja, continue em movimento.

Seguir em evolução é a melhor maneira de honrar o que fez, é garantir que seu legado não será esquecido. Imagine-se como uma empresa. Há as gigantes, como a Apple, e outras mais antigas, como Nestlé e Coca-Cola. Após décadas, elas seguem em alta, e qual é o motivo disso? Não param de evoluir.

Cabe a você decidir o que deseja ser: um contador de histórias, que ficará falando sobre as peripécias já realizadas no passado, ou a história viva, que dispensa comentários, pois todos acompanham diariamente o seu sucesso. Isso é honrar suas conquistas, sem deixar que seus feitos caiam no esquecimento. Você seguirá tendo motivos para se orgulhar e inspirar os outros.

SEGUIR EM EVOLUÇÃO É A MELHOR MANEIRA DE HONRAR O QUE FEZ, É GARANTIR QUE SEU LEGADO NÃO SERÁ ESQUECIDO.

CAPÍTULO 12
Celebre cada conquista

stamos no ponto final (que, já vimos, não é tão final assim, pois você vai continuar levando os ensinamentos que teve aqui para a vida!). Você é aquele corredor cansado, que mal consegue dar as últimas passadas e, em um misto de sofreguidão e esgotamento, cruza a linha de chegada. Você reúne suas últimas forças para erguer os braços e celebrar a sua vitória; afinal, a corrida acabou e você a venceu com louvor! Não precisa mais poupar energia, pois chegou aonde queria. Assim é você agora, acabou de passar por uma revolução interna, e precisa celebrar esse fato maravilhoso e bem-merecido!

Se está lendo este capítulo, parabéns! Tenho certeza de que já teve diversas conquistas e melhorias, afinal é impossível passar inalterado por este livro, chegar até este último capítulo sem ter sentido qualquer diferença ou impacto em si mesmo e na sua vida.

Espero que tenha aplicado o que foi ensinado aqui, que tenha desenvolvido as atividades propostas. Entretanto, mesmo que não tenha feito tudo, estou convicto de que, de qualquer modo, você não é mais a mesma pessoa de antes – encara a vida e as pessoas ao redor de maneira diferente. Seu modelo mental mudou. Você agora não faz mais parte da maioria do que seguem a vida medíocre, com base em crenças limitantes, sem atingir o topo. Você agora integra o seleto grupo dos 5% que decidiram[69] ter sucesso. Sim, dos que decidiram, pois não há como se tornar bem-sucedido sem tomar essa decisão. Como costumo frisar: sucesso é construção, não um golpe de sorte.

Celebre cada pequena conquista para chegar a vitórias grandiosas, pois agora você está imerso em uma espiral de conquistas. Por que enfatizo que devemos celebrar? Porque, se não celebrar as suas conquistas, poderá cair em um ciclo negativo. Você alcançará, mas não desfrutará, apenas dirá que precisa de mais. Não é problema algum desejar por mais, mas cuidado para não entrar em um movimento de ansiedade contínua sem degustar cada etapa e, assim, não valorizar seus triunfos.

Então, pare um pouco e celebre cada passo. Entenda que cada ganho, por menor que seja, é importante e dará mais impulso para o próximo passo – mas se mantenha no presente, analisando e entendendo a grandiosidade de cada feito.

Comemorar suas conquistas traz inúmeros benefícios, pois você fornece ao seu cérebro uma série de estímulos positivos. Isso aumenta a sua confiança, o seu entusiasmo, dá perspectivas positivas de futuro e ajuda a encarar o passado de maneira mais sadia, com esperanças de futuro. A neurocientista israelense Tali Sharot, que é professora de Neurociência Cognitiva no departamento de Psicologia Experimental e The Max Planck UCL Center for Computational Psychiatry na University College London e integra o corpo docente do Departamento de Cérebro e Ciências Cognitivas do MIT, o renomado Instituto de Tecnologia de Massachusetts, nos Estados Unidos, fala bastante a respeito disso. Em uma palestra realizada em 2012 no TEDx Talks Cambridge,[70] ela afirma que estímulos positivos são mais eficazes que os negativos. Isso não significa

---

[69] HIIL, N. *Op. cit.*

[70] SHAROT, Tali. A tendência para otimistas. YouTube, s/n. Disponível em: https://www.ted.com/talks/tali_sharot_the_optimism_bias?language=pt. Cesso em: 18 maio 2022.

CELEBRE CADA PEQUENA CONQUISTA PARA CHEGAR A VITÓRIAS GRANDIOSAS, POIS AGORA VOCÊ ESTÁ IMERSO EM UMA ESPIRAL DE CONQUISTAS.

que ameaças, advertências e o medo não funcionem. Ela apenas declara que destacar o positivo pode ser melhor. Os negativos causam paralisação e repulsa, enquanto os positivos nos fazem aderir, nos estimulam. Então, que estímulo pode ser melhor do que ver sua vitória e celebrá-la? Alimente-se dessa alegria e use-a como combustível. Apodere-se dessa sensação.

Um dos princípios que a pesquisadora explica é o da recompensa imediata: tendo um retorno na hora, o ser humano se motiva mais. Que tal fazer algo especial após cada etapa vencida? Uma compra, um jantar com a família e os amigos, um dia de folga. Sinta essa recompensa.

Programe seu mindset de maneira positiva. Saiba que, a partir de agora, você terá muitas celebrações, então alimente esse ciclo.

Outra maneira de celebrar é colocar no papel o que foi conquistado. Visualizar pode ajudar a ter dimensão do que foi alcançado. Faça um quadro dividido em dois. Do lado esquerdo, escreva o antes: contas atrasadas, salário baixo, obesidade, depressão – sejam quais forem os seus problemas iniciais, anote-os lá. No lado direito, escreva as suas conquistas: faturamento maior, contas em dia, corpo mais saudável, casamento feliz ou qualquer outra conquista. Se o problema inicial era dinheiro, registre quanto havia em sua conta bancária, quanto ganhava e quanto tem agora, pois visualizar números dá bastante resultado. Essa é uma maneira de celebrar e reconhecer seus feitos. Se quiser, faça um gráfico, que também o ajudará a dimensionar a sua evolução.

Existe um campo do estudo chamado "gamificação",[71] que consiste em aplicar técnicas dos jogos na vida real. Um dos recursos é justamente usar quadros comparativos e de pontuações, assim o "participante" consegue visualizar sua evolução. Pois bem, veja a

---

[71] O QUE é gamificação? Conheça a ciência que traz os jogos para o cotidiano. *TechTudo*, 19 jul. 2016. Disponível em: https://www.techtudo.com.br/noticias/2016/07/o-que-e-gamificacao-conheca-ciencia-que-traz-os-jogos-para-o-cotidiano.ghtml. Acesso em: 18 jul. 2022.

CELEBRE CADA CONQUISTA

sua evolução, quantos pontos ganhou, as fases pelas quais precisou passar e venceu.

Quando terminar de elencar as conquistas, observe bem esse quadro. Tenho certeza de que sentirá orgulho e perceberá a grandiosidade dos seus atos!

Você é um vencedor! Parabéns! Você virou o jogo! Curta essa conquista e se prepare para a próxima etapa, com novas fases e desafios, os quais tenho certeza de que superará!

Programe seu mindset de maneira positiva.

Saiba que, a partir de agora, você terá muitas celebrações, então alimente esse ciclo.

Este livro foi impresso pela Gráfica Edições Loyola
em papel pólen bold 70g em agosto de 2022.